기적의 수학 문장제

1권

초등 1학년

길벗스쿨

기적의 수학문장제 ①권

초판 1쇄 발행 · 2018년 12월 15일
개정 3쇄 발행 · 2025년 6월 19일

지은이 · 김은영
발행인 · 이종원
발행처 · 길벗스쿨
출판사 등록일 · 2006년 7월 1일
주소 · 서울시 마포구 월드컵로 10길 56 (서교동)
대표 전화 · 02)332-0931 | 팩스 · 02)333-5409
홈페이지 · school.gilbut.co.kr | 이메일 · gilbut@gilbut.co.kr

기획 · 김미숙(winnerms@gilbut.co.kr) | 편집진행 · 이지훈
영업마케팅 · 문세연, 박선경, 구혜지, 박다슬 | 웹마케팅 · 박달님, 이재윤, 이지수, 나혜연
영업관리 · 김명자, 정경화 | 독자지원 · 윤정아
제작 · 이준호, 손일순, 이진혁

디자인 · ㈜더다츠 | 표지 일러스트 · 우나리 | 본문 일러스트 · 유재영, 김태형
전산편집 · 보문미디어 | CTP출력 및 인쇄 · 교보피앤비 | 제본 · 경문제책

ISBN 979-11-6406-814-2 64410
(길벗스쿨 도서번호 11007)
정가 11,000원

독자의 1초를 아껴주는 정성 **길벗출판사**

길벗스쿨 | 국어학습, 수학학습, 주니어어학, 어린이단행본, 학습단행본 www.gilbutschool.co.kr
㈜도서출판 길벗 | IT단행본&교재, 성인어학, 교과서, 수험서, 경제경영, 교양, 자녀교육, 취미실용 www.gilbut.co.kr

고대 이집트인들은 나일 강변에서 농사를 지으며 살았습니다. 나일강 유역은 땅이 비옥하여 농사가 잘되었거든요. 그러나 잦은 홍수로 나일강이 흘러넘치기 일쑤였고, 홍수 후 농경지의 경계가 없어져 버려 본래 자신의 땅이 어디였는지 구분하기 힘들었어요. 사람들은 저마다 자신의 땅이라고 우기면서 다투었습니다. 그때, 사람들은 생각했어요.
"내 땅의 크기를 정확히 알 수 있다면, 홍수 후에도 같은 크기의 땅에 농사를 지으면 되겠구나."
이때부터 사람들은 땅의 크기를 재고, 넓이를 계산하기 시작했답니다.

"아휴! 수학을 왜 배우는지 모르겠어요. 어렵고 지겨운 수학을 배워 어디에 써요?"
학년이 올라갈수록 많은 학생들이 이렇게 묻습니다.
만일 고대 이집트인들이 들었다면 이런 대답을 했을 거예요.
"이집트 문명의 발전은 수학이 만들어낸 것이다."

우리 생활에서 일어나는 이런저런 일들은 문제가 일어난 상황을 이해하고 판단하여 해결해야 하는 과정이에요. 이 과정에서 반드시 필요한 능력이 수학적으로 생각하는 힘이고요. 즉, 수 계산이 수학의 전부가 아니라 **수학적으로 생각하기**가 진짜 수학이라는 것이죠.
어떤 문제가 생겼을 때 그것을 해결하기 위해 필요한 것이 무엇인지 판단하고, 논리적으로 조합하여 써 내려가는 모든 과정이 수학이랍니다. 그래서 수학은 생활에 꼭 필요하고, 우리가 수학적으로 생각하는 능력을 갖추면 어떤 문제든지 잘 해결할 수 있게 되지요.

기적의 수학 문장제는 여러분이 주어진 문제를 이해하고 판단하여 해결하는 과정을 훈련하는 교재입니다. 이 책으로 차근차근 기초를 다지다 보면 수학과 전혀 관련 없어 보이는 생활 속 문제들도 수학적으로 생각하여 해결할 수 있다는 것을 알게 될 거예요. 그러면 수학이 재미없지도 지겹지도 않고 오히려 퍼즐처럼 재미있게 느껴진답니다.
모쪼록 여러분이 수학과 친해지는 데 기적의 수학 문장제가 마중물이 될 수 있기를 바랍니다.

김은영

수학 문장제 어떻게 공부할까?

지금은 수학 문장제가 필요한 시대

로봇, 인공지능과 같은 기술이 발전하면서 4차 산업혁명 시대가 열렸습니다. 이에 발맞추어 교육도 변화하고 있습니다. 새 교육과정을 살펴보면 성장·과정 중심, 스토리텔링 교육, 코딩 교육, 서술형 평가 확대 등 창의력과 문제해결력을 기르는 방향으로 바뀌고 있습니다. 이제는 지식을 많이 아는 것보다 아는 지식을 새롭게 창조하는 능력이 무엇보다 중요한 때입니다.

논리적으로 사고하여 문제를 해결하는 수학 과목의 특성상 문제를 다양하게 바라보고 해결 방법을 찾는 과정에서 창의력과 문제해결력을 계발할 수 있습니다. 특히 수학 문장제는 실생활과 관련된 수학적 상황을 인지하고, 해결하는 과정을 통해 문제해결력을 키우기에 아주 효과적입니다.

하지만 수학 문장제를 싫어하는 아이들

요즘 아이들은 문자보다 그림과 영상에 익숙합니다. 그러다 보니 읽을 것이 많은 수학 문장제에 겁을 내거나 조금 해보려고 애쓰다 포기해 버리는 경우가 많습니다. 아래는 수학 문장제를 공부할 때 흔히 겪는 여러 가지 어려움들을 나열한 것입니다.

수학 문장제 학습의 가장 큰 고민은 갖가지 문제점들이 복합적으로 얽혀 있어 어디서부터 손을 대야 할지 막막하다는 것입니다. 하지만 대부분의 문제는 크게 두 가지로 나누어 볼 수 있습니다. 바로 '읽기(문제이해)'가 안 되고, '쓰기(문제해결, 풀이)'가 안 되는 것이죠. 국어도 아니고 수학에서 읽기와 쓰기 때문에 곤경에 처하다니 어찌 된 일일까요? 그것은 수학적 읽기와 쓰기는 국어와 다르기 때문에 생긴 문제입니다.

어려움 1

문제읽기와 문제이해　　"왜 책도 많이 읽는데 수학 문장제를 이해하지 못할까?"

수학 독해는 따로 있습니다.

문제를 잘 읽는다고 해서 수학 문장제를 잘 이해할 수 있는 것은 아닙니다.

'빵이 9개씩 8봉지 있을 때 빵의 개수를 구하는 문제'를 읽고 나서 '몇 개씩 몇 묶음'이 곱셈을 뜻하는 수학적 표현이라는 것을 모르면 문제를 해결할 수 없습니다. 또, 문장을 곱셈식으로 바꾸지 못하면 풀이 과정을 쓸 수도 없습니다.

이처럼 수학 문장제는 문제를 읽고, 문제 속에 숨겨진 수학적 표현, 용어, 개념을 찾아 해석하는 능력이 필요합니다. 또 문장을 식으로 나타내거나 반대로 주어진 식을 문장으로 읽는 능력도 필요합니다. 다양한 수학 문장제를 풀어 보면서 **수학 독해력을 키워야 합니다.**

어려움 2

문제해결과 풀이쓰기　　"답은 구했는데 왜 풀이를 못 쓸까?"

쓸 수 있어야 진짜 아는 것입니다.

아이들이 써 놓은 식이나 풀이 과정을 살펴보면 연산기호나 등호 없이 숫자만 나열하여 알아보기 힘들거나, 풀이 과정을 말하듯이 써서 군더더기가 섞여 있는 경우가 많습니다. 숫자를 헷갈리게 써서 틀리는 경우, 두서없이 풀이를 쓰다가 중간에 한 단계를 빠뜨리는 경우, 앞서 계산한 값을 잘못 찾아 쓰는 경우 등 알고도 틀리는 실수들이 자주 일어납니다. 이는 식과 풀이를 논리적으로 쓰는 연습을 하지 않기 때문입니다.

풀이를 쓰는 것은 머릿속에 있던 문제해결 과정을 꺼내어 눈앞에 펼치는 것입니다. 간단한 문제는 머릿속에서 바로 처리할 수 있지만, 복잡한 문제는 절차에 따라 차근차근 풀어서 써야 합니다. 이때 풀이를 쓰는 연습이 되어 있지 않으면 어디서부터 어디까지, 어떻게 풀이 과정을 써야 하는지 막막할 수밖에 없습니다.

덧셈식과 뺄셈식을 정확하게 쓰는 것은 물론, 수학 용어를 사용하여 간단명료하게 설명하기, 문제 해결 전략 세우기에 따라 과정 쓰기 등 절차에 따라 풀이 과정을 논리적으로 쓰는 연습을 해야 합니다.

핵심어독해법으로 문제읽기 능력 강화

수학 문장제, 어떻게 읽어야 할까요? 다음 수학 문장제를 눈으로 읽어 보세요.

> 한 상자에 9개씩 담겨 있는 김치만두 3상자와 한 상자에 6개씩 담겨 있는 왕만두 4상자를 샀습니다. 산 만두는 모두 몇 개일까요?

똑같은 문제를 줄을 나누어 썼습니다. 다시 한번 소리 내어 읽어 보세요.

> 한 상자에 9개씩 담겨 있는 김치만두 3상자와
> 한 상자에 6개씩 담겨 있는 왕만두 4상자를 샀습니다.
> 산 만두는 모두 몇 개일까요?

> 눈으로 읽는 것보다
> 줄을 나누어 소리 내어 읽는 것이
> 문제를 이해하기 쉽습니다.

똑같은 문제를 핵심어에 표시하며 다시 읽어 보세요.

> 한 상자에 9개씩 담겨 있는 김치만두 3상자와
> 한 상자에 6개씩 담겨 있는 왕만두 4상자를 샀습니다.
> 산 만두는 모두 몇 개일까요?

> 중요한 부분에 표시하며
> 읽는 것이
> 문제를 이해하기 쉽습니다.

위 문제의 핵심어만 정리해 보세요.

> 김치만두 : 9개씩 3상자, 왕만두 : 6개씩 4상자
> 만두는 모두 몇 개?

> 복잡한 정보들을 정리하면
> 문제가 한눈에 보입니다.

위와 같이 정보와 조건이 있는 수학 문제를 읽을 때에는
문장의 핵심어에 표시하고, 조건을 간단히 정리하면서 읽는 것이 좋습니다.

핵심어독해법

❶ 핵심어에 표시하며 문제를 읽습니다.
   핵심어란? 구하는 것, 주어진 것이에요.

❷ 수학 독해를 합니다.
   □ 핵심어(조건)를 간단히 정리하기
   □ 핵심어(수학 용어)의 뜻, 특징 등 써 보기
   □ 핵심어와 관련된 개념 떠올리기

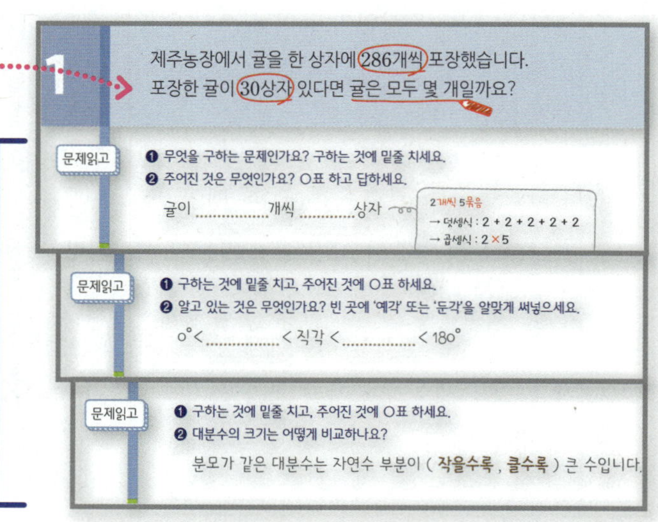

절차학습법으로 문제해결 능력 강화

수학 문장제, 어떤 절차에 따라 풀어야 할까요? 수학 문장제를 푸는 방법은 길을 찾는 과정과 같습니다.

길을 찾는 과정

1 우선 어디로 가려고 하는지 **목적지**를 알아야 합니다.
제주도로 가야 하는데 서울을 향해 출발하면 안 되겠죠?

2 출발하기 전 준비물, 주의사항 등을 살펴보며 **출발 준비**를 합니다.
동생과 함께 가야 하는데 혼자 출발하거나, 제주도까지 배를 타고
가야 하는데 비행기 표를 사면 안 되니까요.

3 목적지까지 가는 길(순서, 노선)을 확인하고, **목적지까지 갑니다.**
혹시라도 중간에 길을 잃어버리거나 길이 막혀 있다고 해서 멈추
면 안 돼요.

4 마지막으로 목적지에 맞게 왔는지 다시 한번 **확인**합니다.

수학 문장제 해결 과정

1단계 문제에서 **구하는 것**이
무엇인지 알아봅니다.

2단계 문제에서 **주어진 것(조건)**이
무엇인지 알아봅니다.

3단계 문제해결 **방법**을 생각한 다음
순서에 따라 **문제를 풉니다.**

4단계 답이 맞는지 **검토**합니다.

위와 같이 4단계 문제해결 과정에 따라 수학 문장제를 푸는 훈련을 하면
문제해결력과 풀이쓰는 방법을 효과적으로 익힐 수 있습니다.

절차학습법

▶4단계 문제해결 과정

❶ **구하는 것**을 아는 단계
❷ **주어진 것**을 아는 단계

❸ **문제를 해결**하는 단계
절차에 따라 문제를 해결하면서
식을 정확하게 쓰는 훈련을 합니다.

❹ **답을 검토**하는 단계

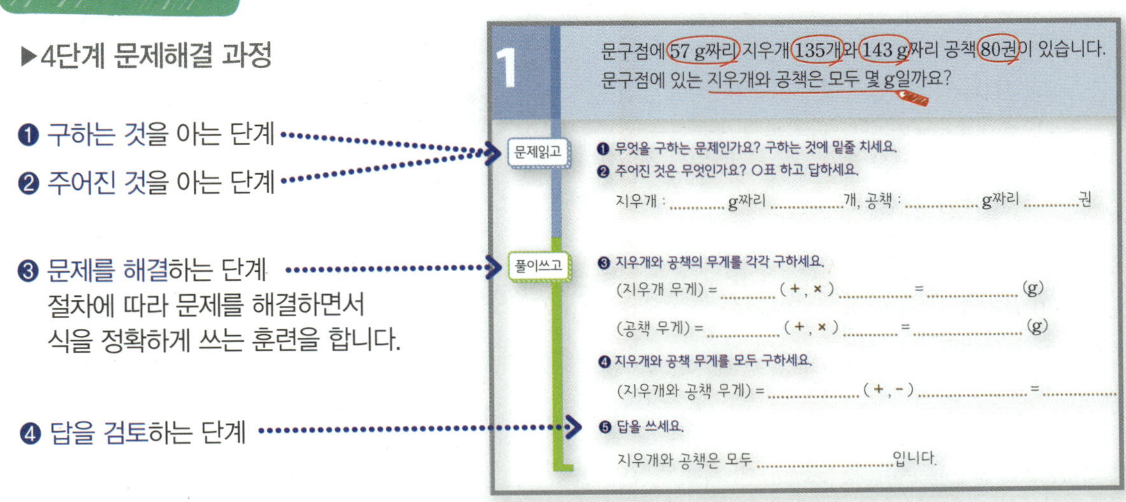

학습관리

학습계획을 세우고, 자기평가를 기록해요.

한 단원 학습에 들어가기 전 공부할 내용을 미리 확인하면서 공부계획을 세워 보세요.

매일 1일 학습, 일주일 3일 학습 등 나의 상황에 맞게, 공부할 양을 스스로 정하고 날짜를 기록합니다.

계획대로 잘 공부했는지 스스로 평가하는 것도 잊지 마세요.

준비학습

기본 개념을 알고 있는지 확인해요.

이 단원의 문장제를 풀기 위해 꼭 알고 있어야 할 핵심 개념을 문제를 통해 확인해 보세요.

교과서와 익힘책에 나오는 가장 기본적인 문제들로 구성되어 있으므로 이 부분이 부족한 학생들은 해당 단원의 교과서와 익힘책을 더 공부하고 본 학습을 시작하는 것이 좋습니다.

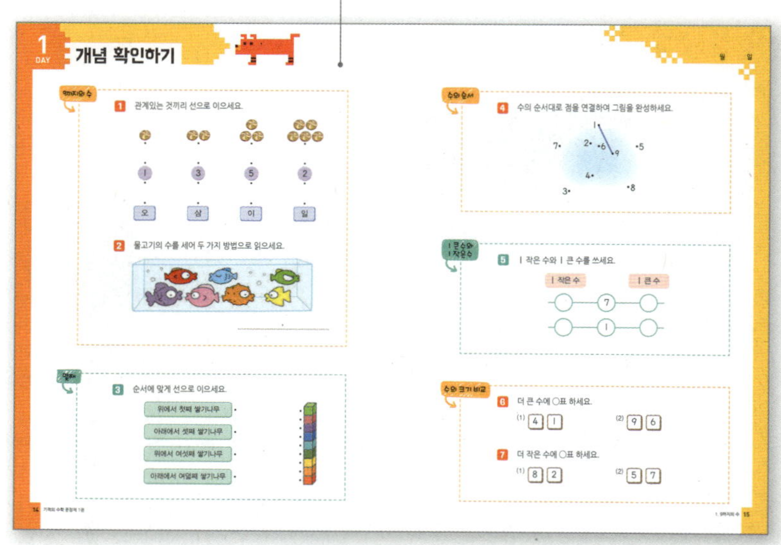

유형훈련

대표 유형을 집중 훈련해요.

같이 풀어요.

문제마다 핵심어에 밑줄을 긋고, 동그라미를 하면서 핵심어독해법을 자연스럽게 익혀 보세요.
또, 풀이에 제시된 순서대로 답을 하면서 절차학습법을 훈련해요.

혼자 풀어요.

앞에서 배운 동일 유형, 동일 난이도의 문제를 스스로 풀어 보세요. 주어진 과정에 따라 풀이를 쓰면서 문제 풀이 뿐 아니라 서술형 답안 작성에 대한 훈련도 동시에 해요.

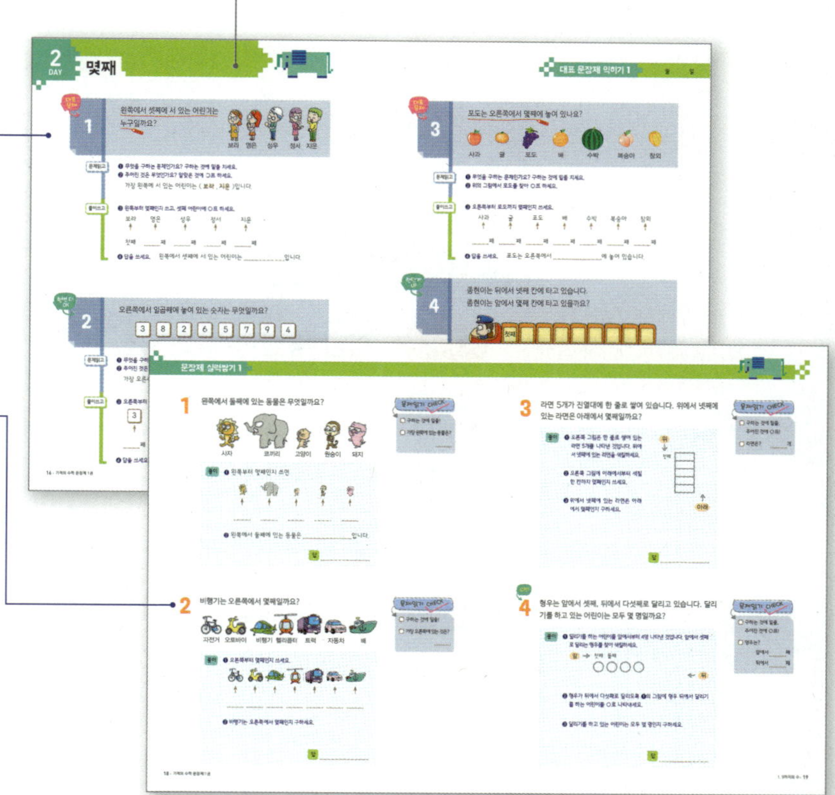

평가

잘 공부했는지 확인해요.

이 단원을 잘 공부했는지 성취도를 평가하며 마무리하는 단계예요.
학교에서 시험을 보는 것처럼 풀이 과정을 정확하게 쓰는 연습을 하면 좋습니다. 정답과 풀이에 있는 [채점 기준]과 비교하여 빠진 부분은 없는지 꼼꼼히 확인해 보세요.

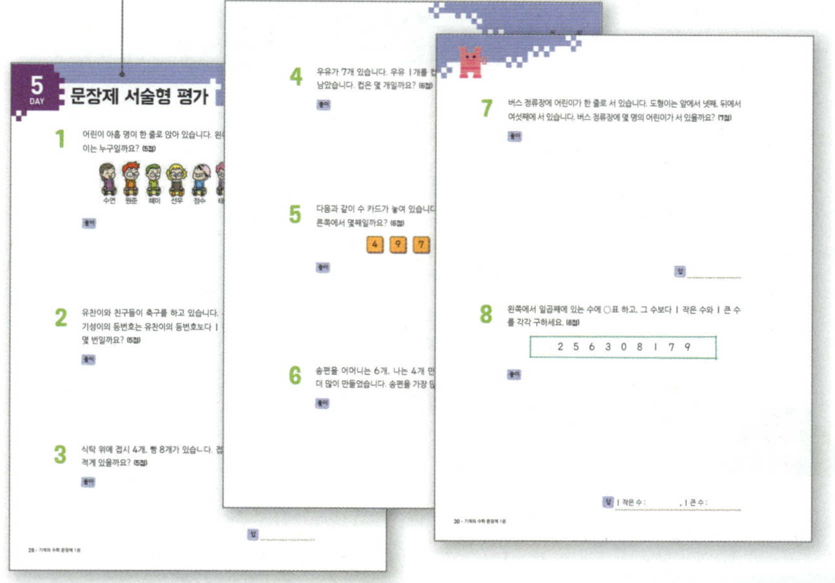

차례

어떻게 공부할까요?

교재 날짜	공부할 내용	공부한 날짜	스스로 평가
1일	개념 확인하기	/	😄 🙂 😣
2일	몇째	/	😄 🙂 😣
3일	1 큰 수와 1 작은 수	/	😄 🙂 😣
4일	수의 크기 비교	/	😄 🙂 😣
5일	문장제 서술형 평가	/	😄 🙂 😣

교과서 학습연계도

9까지의 수를 찾아 수가 포함된 문장으로 말해 보세요.

건물의 층수는 일 층, 이 층, 삼 층……으로 세고, 나이는 한 살, 두 살, 세 살……이라고 말해요.
이렇게 같은 1, 2, 3……이라도 상황에 따라 다르게 읽는답니다.
'우리 반 교실은 삼 층에 있어요.'
'내 나이는 여덟 살이에요.'
수가 포함된 문장을 만들어서 상황에 맞게 읽는 연습을 해 보세요.

개념 확인하기

1 관계있는 것끼리 선으로 이으세요.

1

3

5

2

오

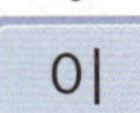
삼

이

일

2 물고기의 수를 세어 두 가지 방법으로 읽으세요.

,
....

3 순서에 맞게 선으로 이으세요.

위에서 첫째 쌓기나무

아래에서 셋째 쌓기나무

위에서 여섯째 쌓기나무

아래에서 여덟째 쌓기나무

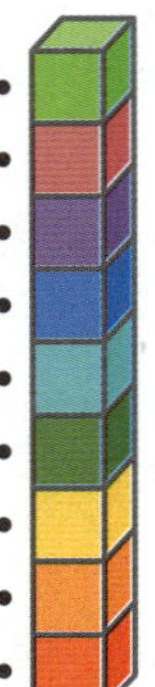

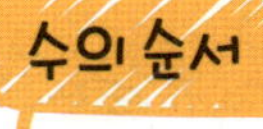

4　수의 순서대로 점을 연결하여 그림을 완성하세요.

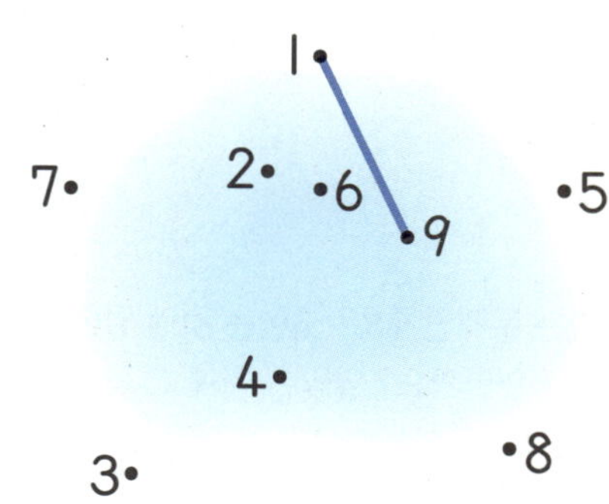

5　1 작은 수와 1 큰 수를 쓰세요.

6　더 큰 수에 ○표 하세요.

(1)　4　1　　　　(2)　9　6

7　더 작은 수에 ○표 하세요.

(1)　8　2　　　　(2)　5　7

몇째

1

<u>왼쪽에서 셋째에 서 있는 어린이는</u>
누구일까요?

문제읽고

❶ 무엇을 구하는 문제인가요? 구하는 것에 밑줄 치세요.

❷ 주어진 것은 무엇인가요? 알맞은 것에 ○표 하세요.

가장 왼쪽에 서 있는 어린이는 (**보라** , **지운**)입니다.

풀이쓰고

❸ 왼쪽부터 몇째인지 쓰고, 셋째 어린이에 ○표 하세요.

보라	영은	성우	정서	지운
↑	↑	↑	↑	↑
첫째	........째	........째	........째	........째

❹ 답을 쓰세요.　왼쪽에서 셋째에 서 있는 어린이는 ....입니다.

2

오른쪽에서 일곱째에 놓여 있는 숫자는 무엇일까요?

3	8	2	6	5	7	9	4

문제읽고

❶ 무엇을 구하는 문제인가요? 구하는 것에 밑줄 치세요.

❷ 주어진 것은 무엇인가요? 알맞게 답하세요.

가장 오른쪽에 있는 숫자는 ....입니다.

풀이쓰고

❸ 오른쪽부터 몇째인지 쓰고, 일곱째 숫자에 ○표 하세요.

3	8	2	6	5	7	9	4
↑	↑	↑	↑	↑	↑	↑	↑
........째	........째	........째	........째	넷째	셋째	둘째	첫째

❹ 답을 쓰세요.　오른쪽에서 일곱째에 놓여 있는 숫자는 ....입니다.

3

포도는 오른쪽에서 몇째에 놓여 있나요?

문제읽고

❶ 무엇을 구하는 문제인가요? 구하는 것에 밑줄 치세요.

❷ 위의 그림에서 포도를 찾아 ○표 하세요.

풀이쓰고

❸ 오른쪽부터 포도까지 몇째인지 쓰세요.

사과	귤	포도	배	수박	복숭아	참외
↑	↑	↑	↑	↑	↑	↑
........째	........째	........째	........째	........째	........째	........째

❹ 답을 쓰세요.   포도는 오른쪽에서 ....에 놓여 있습니다.

4

종현이는 뒤에서 넷째 칸에 타고 있습니다.

종현이는 앞에서 몇째 칸에 타고 있을까요?

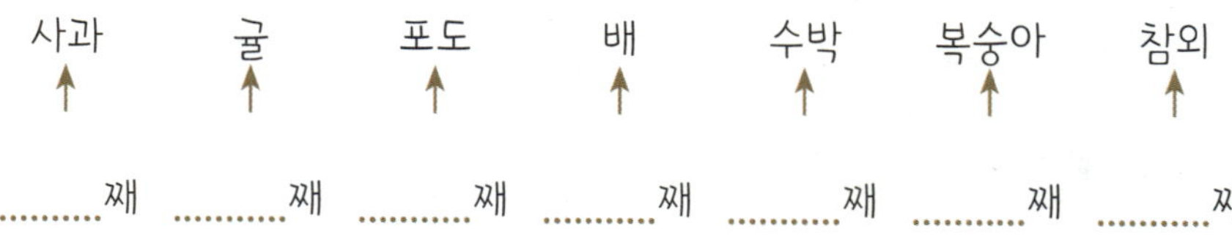

문제읽고

❶ 구하는 것에 밑줄 치고, 주어진 것에 ○표 하세요.

풀이쓰고

❷ 뒤에서 넷째 칸을 색칠하세요.

❸ ❷의 그림에 앞에서부터 색칠한 칸까지 몇째인지 쓰세요.

❹ 답을 쓰세요.   종현이는 앞에서 .... 칸에 타고 있습니다.

1 왼쪽에서 둘째에 있는 동물은 무엇일까요?

사자　　코끼리　　고양이　　원숭이　　돼지

풀이

❶ 왼쪽부터 몇째인지 쓰면

....

❷ 왼쪽에서 둘째에 있는 동물은 .... 입니다.

답 ....

2 비행기는 오른쪽에서 몇째일까요?

자전거　 오토바이　 비행기　 헬리콥터　 트럭　 자동차　 배

풀이

❶ 오른쪽부터 몇째인지 쓰세요.

....

❷ 비행기는 오른쪽에서 몇째인지 구하세요.

답 ....

3 라면 5개가 진열대에 한 줄로 쌓여 있습니다. 위에서 넷째에 있는 라면은 아래에서 몇째일까요?

풀이

❶ 오른쪽 그림은 한 줄로 쌓여 있는 라면 5개를 나타낸 것입니다. 위에서 넷째에 있는 라면을 색칠하세요.

❷ 오른쪽 그림에 아래에서부터 색칠한 칸까지 몇째인지 쓰세요.

❸ 위에서 넷째에 있는 라면은 아래에서 몇째인지 구하세요.

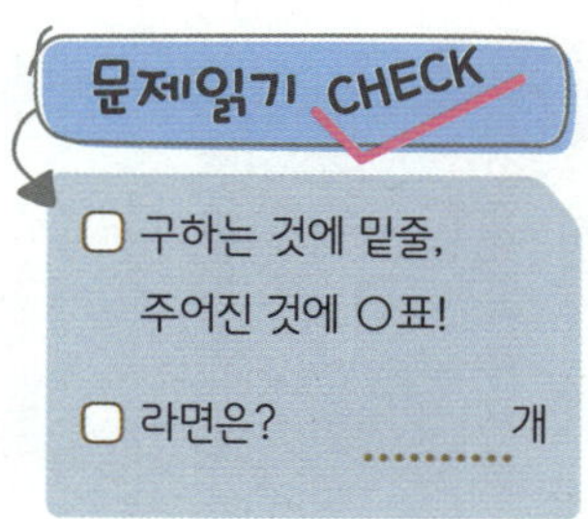

답

4 형우는 앞에서 셋째, 뒤에서 다섯째로 달리고 있습니다. 달리기를 하고 있는 어린이는 모두 몇 명일까요?

풀이

❶ 달리기를 하는 어린이를 앞에서부터 4명 나타낸 것입니다. 앞에서 셋째로 달리는 형우를 찾아 색칠하세요.

❷ 형우가 뒤에서 다섯째로 달리도록 ❶의 그림에 형우 뒤에서 달리기를 하는 어린이를 ○로 나타내세요.

❸ 달리기를 하고 있는 어린이는 모두 몇 명인지 구하세요.

답

1 큰 수와 1 작은 수

대표문제

1

혜주는 만두를 ③개 먹었고,
준재는 혜주보다 한 개 더 많이 먹었습니다.
준재는 만두를 몇 개 먹었을까요?

문제읽고

❶ 무엇을 구하는 문제인가요? 구하는 것에 밑줄 치세요.
❷ 주어진 것은 무엇인가요? ○표 하고 답하세요.

혜주 : .... 개,

알맞은 말에 ○표 하세요.

준재 : 혜주보다 1개 더 (**많이** , **적게**) 먹었습니다.

풀이쓰고

❸ 준재가 먹은 만두를 3개보다 1개 더 많이 색칠한 다음, 색칠한 ○의 수를 쓰세요.

혜주 : ●●●○○

준재 : ○○○○○ → .... 개

❹ 답을 쓰세요. 준재는 만두를 .... 먹었습니다.

단위 쓰기

한번 더 OK

2

곰 인형은 5개 있고,
강아지 인형은 곰 인형보다 하나 더 적게 있습니다.
강아지 인형은 몇 개일까요?

문제읽고

❶ 무엇을 구하는 문제인가요? 구하는 것에 밑줄 치세요.
❷ 주어진 것은 무엇인가요? ○표 하고 답하세요.

곰 인형 : .... 개,

강아지 인형 : 곰 인형보다 1개 더 (**많이** , **적게**) 있습니다.

풀이쓰고

❸ 강아지 인형을 5개보다 1개 더 적게 색칠한 다음, 색칠한 ○의 수를 쓰세요.

곰 인형　　 : ●●●●●○○○○○

강아지 인형 : ○○○○○○○○○○ → .... 개

❹ 답을 쓰세요. 강아지 인형은 .... 입니다.

대표문제

3

지우는 올해 8살입니다.
지우의 오빠는 지우보다 한 살 더 많습니다.
오빠의 나이는 몇 살일까요?

문제읽고

❶ 무엇을 구하는 문제인가요? 구하는 것에 밑줄 치세요.
❷ 주어진 것은 무엇인가요? ○표 하고 답하세요.

　지우 : ＿＿＿＿＿ 살,

　오빠 : 지우보다 한 살 더 (**많습니다** , **적습니다**).

풀이쓰고

❸ 오빠의 나이를 구하세요.

　오빠는 ＿＿＿＿＿ 살보다 1살 더 많습니다.

　8보다 1 큰 수는 ＿＿＿＿＿ 입니다.

❹ 답을 쓰세요.　　오빠의 나이는 ＿＿＿＿＿＿＿＿＿＿ 입니다.

한단계 UP

4

바구니에 귤이 7개 담겨 있습니다.
귤은 배보다 1개 더 많이 있습니다.
배는 몇 개일까요?

문제읽고

❶ 구하는 것에 밑줄 치고, 주어진 것에 ○표 하세요.
❷ 귤에 대한 설명을 배에 대한 설명으로 바꾸세요.

　귤은 배보다 1개 더 (**많이** , **적게**) 있습니다.

　배는 귤보다 1개 더 (**많이** , **적게**) 있습니다.

풀이쓰고

❸ 배가 몇 개인지 구하세요.

　배는 귤 ＿＿＿＿＿ 개보다 1개 더 (**많습니다** , **적습니다**).

　7보다 (**1 큰 수** , **1 작은 수**)는 ＿＿＿＿＿ 입니다.

❹ 답을 쓰세요.　　배는 ＿＿＿＿＿＿＿＿＿＿ 입니다.

1 헌재는 색종이를 4장 가지고 있고, 기성이는 헌재보다 1장 더 많이 가지고 있습니다. 기성이가 가지고 있는 색종이는 몇 장일까요?

풀이 기성 : 4장보다 1장 더 (**많습니다** , **적습니다**).

4보다 (**1 큰 수** , **1 작은 수**)는 .... 이므로

기성이가 가지고 있는 색종이는 .... 장입니다.

답 ....

문제읽기 CHECK

☐ 구하는 것에 밑줄,
　주어진 것에 ○표!

☐ 헌재는? .... 장

☐ 기성이는?
　헌재보다 .... 장
　더 (많다 , 적다).

2 지유는 초콜릿을 9개 먹었고, 희주는 지유보다 1개 더 적게 먹었습니다. 희주가 먹은 초콜릿은 몇 개일까요?

풀이

답 ....

문제읽기 CHECK

☐ 구하는 것에 밑줄,
　주어진 것에 ○표!

☐ 지유는? .... 개

☐ 희주는?
　지유보다 .... 개
　더 (많이 , 적게) 먹었다.

3 풍선이 6개 있습니다. 어린이 한 명에게 풍선을 한 개씩 나누어 주려고 했더니 풍선이 한 개 모자랐습니다. 어린이는 몇 명일까요?

풀이

❶ 풍선에 대한 설명을 어린이에 대한 설명으로 바꾸세요.

풍선이 1개 모자랐습니다.

어린이가 1명 (남습니다 , **모자랍니다**).

❷ 어린이는 몇 명인지 구하세요.

답

도전!

4 강아지와 토끼가 멀리뛰기를 했습니다. 강아지는 출발선에서 8칸을 뛰었는데, 토끼보다 오른쪽으로 한 칸 더 많이 뛰었습니다. 토끼는 출발선에서 몇 칸 뛰었을까요?

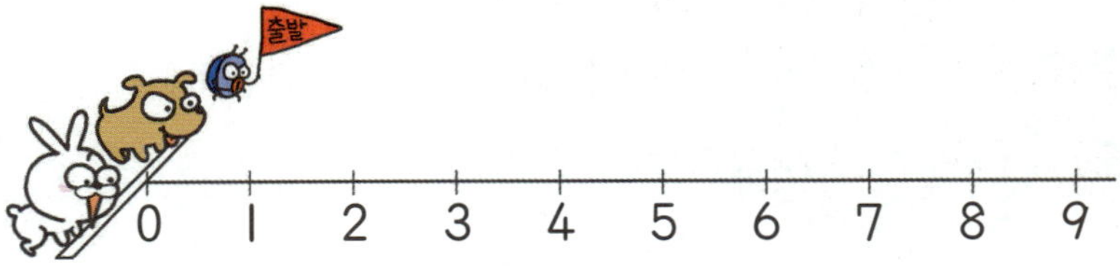

풀이

❶ 강아지에 대한 설명을 토끼에 대한 설명으로 바꾸세요.

강아지는 토끼보다 1칸 더 많이 뛰었습니다.

토끼는 강아지보다 1칸 더 (**많이** , 적게) 뛰었습니다.

❷ 토끼는 출발선에서 몇 칸 뛰었는지 구하세요.

답

수의 크기 비교

대표문제

1

사탕을 성준이는 **5**개, 지희는 **3**개 먹었습니다.
사탕을 더 많이 먹은 사람은 누구일까요?

문제읽고

❶ 구하는 것에 밑줄 치고, 주어진 것에 ○표 하세요.
❷ 성준이와 지희가 먹은 사탕은 몇 개인가요?

   성준 .... 개, 지희 .... 개

풀이쓰고

❸ 사탕을 하나씩 짝지어 보고, 5와 3의 크기를 비교하세요.

   성준 :

   지희 :

   → .... 는 .... 보다 큽니다.

❹ 답을 쓰세요.   사탕을 더 많이 먹은 사람은 .... 입니다.

한번 더 OK

2

원중이와 아버지가 낚시를 했습니다.
물고기를 원중이는 **6**마리, 아버지는 **4**마리 잡았습니다.
물고기를 더 적게 잡은 사람은 누구일까요?

문제읽고

❶ 구하는 것에 밑줄 치고, 주어진 것에 ○표 하세요.
❷ 원중이와 아버지가 잡은 물고기는 몇 마리인가요?

   원중 .... 마리, 아버지 .... 마리

풀이쓰고

❸ 물고기를 하나씩 짝지어 보고, 6과 4의 크기를 비교하세요.

   원중 :

   아버지 :

   → .... 는 .... 보다 작습니다.

❹ 답을 쓰세요.   물고기를 더 적게 잡은 사람은 .... 입니다.

3

농장에 강아지 3마리, 오리 7마리, 거위 6마리가 있습니다.
농장에 가장 많이 있는 동물은 무엇일까요?

문제읽고

❶ 구하는 것에 밑줄 치고, 주어진 것에 ○표 하세요.
❷ 농장에 강아지, 오리, 거위가 몇 마리 있나요?

  강아지 .... 마리, 오리 .... 마리, 거위 .... 마리

풀이쓰고

❸ 동물 수만큼 ○를 그리고, 3, 7, 6 중 가장 큰 수를 구하세요.

강아지	3	○	○	○						
오리	7									
거위	6									

  → 가장 큰 수는 .... 입니다.

❹ 답을 쓰세요.   농장에 가장 많이 있는 동물은 .... 입니다.

4

주말 동안에 책을 영승이는 4권, 어진이는 5권 읽었습니다.
책을 누가 몇 권 더 많이 읽었을까요?

문제읽고

❶ 구하는 것에 밑줄 치고, 주어진 것에 ○표 하세요.
❷ 영승이와 어진이는 책을 몇 권 읽었나요?

  영승 .... 권, 어진 .... 권

풀이쓰고

❸ 읽은 책의 수만큼 ○를 그리고, 4와 5의 크기를 비교하세요.

영승	4								
어진	5								

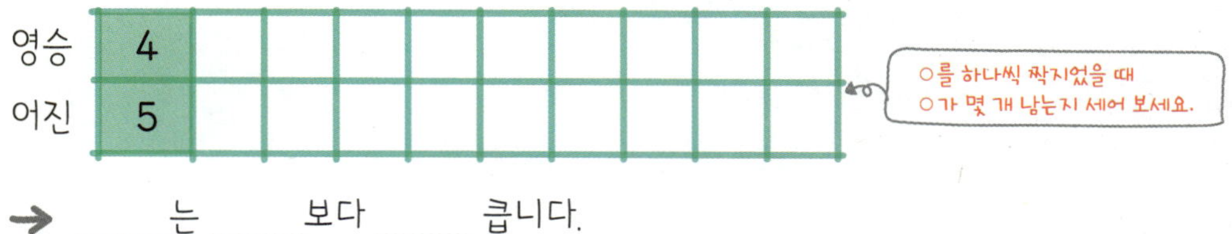

  → .... 는 .... 보다 .... 큽니다.

❹ 답을 쓰세요.

  책을 .... 이가 .... 더 많이 읽었습니다.

1 초콜릿을 선영이는 7개, 수민이는 9개 먹었습니다. 초콜릿을 더 많이 먹은 사람은 누구일까요?

풀이 ………… 가 ………… 보다 크므로

초콜릿을 더 많이 먹은 사람은 ………………입니다.

답 ………………………………

2 연필이 연주의 필통에는 8자루 들어 있고, 준서의 필통에는 3자루 들어 있습니다. 연필을 더 적게 가지고 있는 사람은 누구일까요?

풀이

답 ………………………………

3 구슬을 철웅이는 9개, 명수는 5개, 용준이는 8개 가지고 있습니다. 구슬을 가장 많이 가지고 있는 사람은 누구일까요?

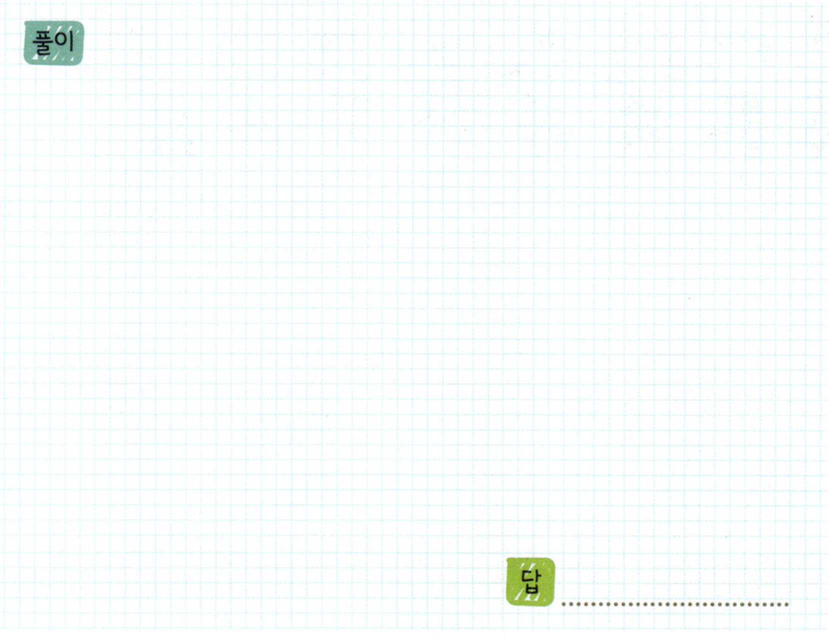

풀이

답 ....

도전!

4 꽃을 한진이는 6송이 가지고 있고, 은수는 5송이 가지고 있습니다. 누가 꽃을 몇 송이 더 적게 가지고 있을까요?

풀이

❶ 꽃의 수만큼 ○를 그려서 6과 5의 크기를 비교하세요.

❷ 누가 꽃을 몇 송이 더 적게 가지고 있는지 구하세요.

답 .... , ...

문장제 서술형 평가

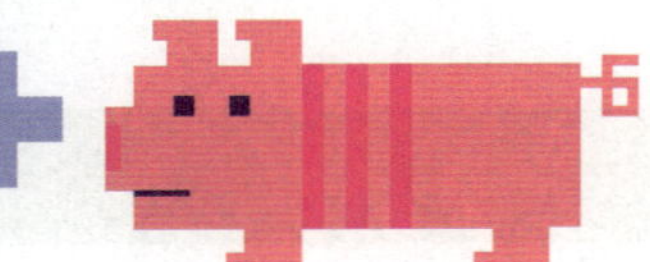

1 어린이 아홉 명이 한 줄로 앉아 있습니다. 왼쪽에서 넷째에 앉아 있는 어린이는 누구일까요? **(5점)**

수연 원준 혜미 선우 정수 태우 민희 은호 하은

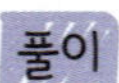

답 ....

2 유찬이와 친구들이 축구를 하고 있습니다. 유찬이의 등번호는 5번이고, 기성이의 등번호는 유찬이의 등번호보다 1 작습니다. 기성이의 등번호는 몇 번일까요? **(5점)**

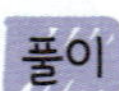

답 ....

3 식탁 위에 접시 4개, 빵 8개가 있습니다. 접시와 빵 중에서 어느 것이 더 적게 있을까요? **(5점)**

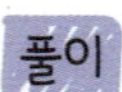

답 ....

4 우유가 **7**개 있습니다. 우유 **1**개를 컵 **1**개에 각각 따르고 보니 컵이 **1**개 남았습니다. 컵은 몇 개일까요? **(6점)**

풀이

답 ....

5 다음과 같이 수 카드가 놓여 있습니다. 가장 작은 수가 적힌 수 카드는 오른쪽에서 몇째일까요? **(6점)**

   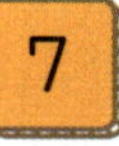   

풀이

답 ....

6 송편을 어머니는 **6**개, 나는 **4**개 만들었고, 아버지는 어머니보다 **1**개 더 많이 만들었습니다. 송편을 가장 많이 만든 사람은 누구일까요? **(6점)**

풀이

답 ....

7 버스 정류장에 어린이가 한 줄로 서 있습니다. 도형이는 앞에서 넷째, 뒤에서 여섯째에 서 있습니다. 버스 정류장에 몇 명의 어린이가 서 있을까요? **(7점)**

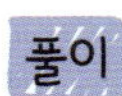 풀이

답 ⋯⋯⋯⋯⋯⋯⋯⋯⋯⋯⋯⋯⋯⋯⋯

8 왼쪽에서 일곱째에 있는 수에 ○표 하고, 그 수보다 **|** 작은 수와 **|** 큰 수를 각각 구하세요. **(8점)**

2 5 6 3 0 8 **|** 7 9

풀이

답 **|** 작은 수 : ⋯⋯⋯⋯⋯ , **|** 큰 수 : ⋯⋯⋯⋯⋯

엄마 토끼가 기다려요!

길을 찾아 선을 그어 주세요.

아빠 토끼가 바구니를 들고 출발선에 서 있어요.
어느 사다리로 올라가야 엄마 토끼를 만날 수 있을까요?
아빠 토끼가 엄마 토끼를 만나, 빈 바구니에 달걀을 채울 수 있도록 도와주세요!

2 덧셈과 뺄셈

교재 날짜	공부할 내용	공부한 날짜	스스로 평가		
6일	개념 확인하기	/	☺	☺	☹
7일	모으기와 가르기	/	☺	☺	☹
8일	덧셈하기	/	☺	☺	☹
9일	뺄셈하기	/	☺	☺	☹
10일	문장제 서술형 평가	/	☺	☺	☹

무엇을 배울까요?

교과서 학습연계도

1-1

1. 9까지의 수
· 0과 9까지의 수
· 수 세기, 읽기, 쓰기

1-1

3. 덧셈과 뺄셈
· 합이 9 이하인 (몇)+(몇)
· (몇)−(몇)

1-2

2. 덧셈과 뺄셈(1)
· 받아올림이 없는
 (몇십몇)+(몇십몇)
· 받아내림이 없는
 (몇십몇)−(몇십몇)

1-2

4. 덧셈과 뺄셈(2)
· 세 수의 덧셈과 뺄셈
· 10이 되는 더하기
· 10에서 빼기

덧셈식과 뺄셈식을 나타내는 상황과 표현을 익혀요.

일반적으로 처음보다 양이 늘어나 모두 몇 개인지를 물을 때에는 덧셈식을 세우고,
처음보다 양이 줄어들어 몇 개 남았는지를 묻거나
양을 비교하여 몇 개 더 많은지, 적은지를 물을 때에는 뺄셈식을 세워요.
덧셈과 뺄셈은 앞으로도 계속 나오는 내용이므로
식을 쓰고 답하는 방법을 잘 익혀두세요.

개념 확인하기

두 수를 모으기

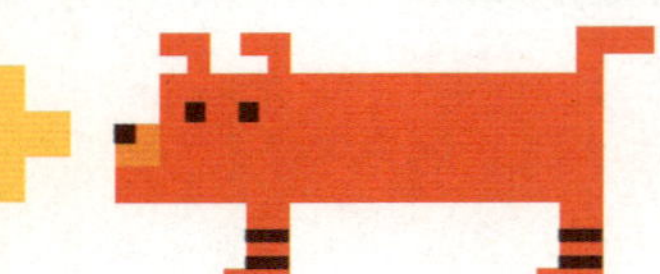

1 모으기를 해 보세요.

2, 1 → □	1, 3 → □	3, 2 → □	2, 2 → □
6, 2 → □	3, 3 → □	5, 4 → □	2, 5 → □

덧셈식

2 덧셈식을 쓰고 읽어 보세요.

(1) 4+2= ______ → 4 더하기 2는 ______ 과 같습니다.

(2) 3+4= ______ → 3과 4의 합은 ______ 입니다.

(3) 6+3= ______ → 6과 3의 합은 ______ 입니다.

덧셈

3 덧셈을 하세요.

(1) 5+2= ______ (2) 6+0= ______

(3) 1+3= ______ (4) 2+4= ______

4 가르기를 해 보세요.

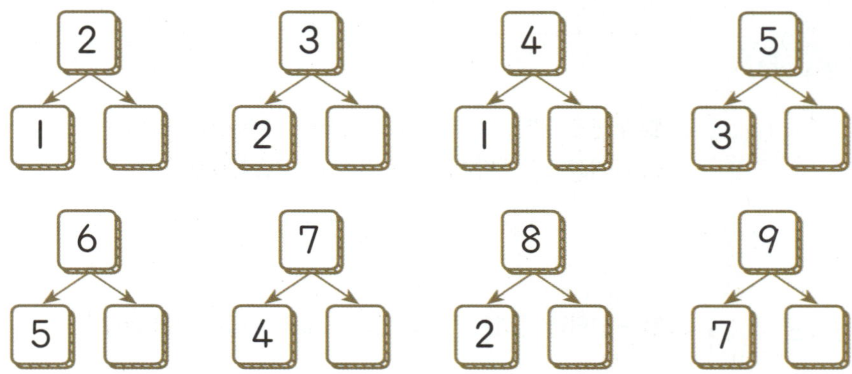

5 뺄셈식을 쓰고 읽어 보세요.

(1) $5-2=$ ______ ➡ 5 빼기 2는 ______과 같습니다.

(2) $6-4=$ ______ ➡ 6 빼기 4는 ______와 같습니다.

(3) $8-4=$ ______ ➡ 8과 4의 차는 ______입니다.

6 뺄셈을 하세요.

(1) $3-1=$ ______   (2) $7-4=$ ______

(3) $6-5=$ ______   (4) $9-5=$ ______

7 DAY 모으기와 가르기

1

구슬을 규빈이는 **3**개, 동생은 **I**개 가지고 있습니다.
두 사람이 가지고 있는 구슬을 모으면 몇 개일까요?

문제읽고

❶ 무엇을 구하는 문제인가요? 구하는 것에 밑줄 치세요.
❷ 주어진 것은 무엇인가요? ○표 하고 답하세요.

　규빈이 구슬 ＿＿＿개, 동생 구슬 ＿＿＿개

풀이쓰고

❸ 규빈이와 동생이 가지고 있는 구슬의 수를 모으기 하세요.

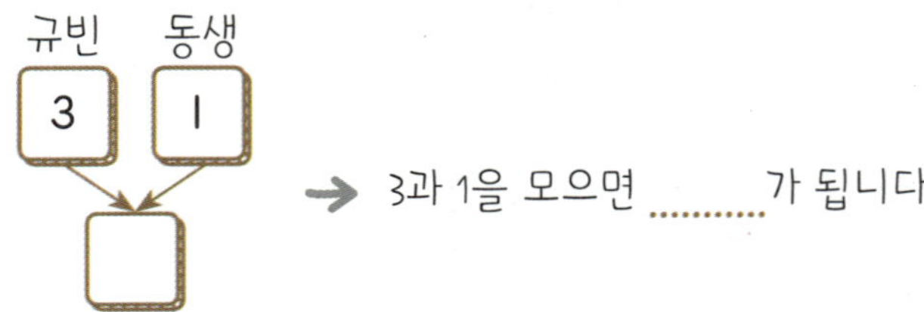

→ 3과 1을 모으면 ＿＿＿가 됩니다.

❹ 답을 쓰세요.

　두 사람이 가지고 있는 구슬을 모으면 ＿＿＿＿＿입니다.

2

머리핀을 혜인이는 **2**개, 주아는 **5**개 꽂고 있습니다.
두 사람이 꽂은 머리핀을 모으면 몇 개일까요?

문제읽고

❶ 무엇을 구하는 문제인가요? 구하는 것에 밑줄 치세요.
❷ 주어진 것은 무엇인가요? ○표 하고 답하세요.

　혜인이 머리핀 ＿＿＿개, 주아 머리핀 ＿＿＿개

풀이쓰고

❸ 혜인이와 주아가 꽂은 머리핀의 수를 모으기 하세요.

→ 2와 5를 모으면 ＿＿＿이 됩니다.

❹ 답을 쓰세요.　두 사람이 꽂은 머리핀을 모으면 ＿＿＿＿＿입니다.

3

지호는 카네이션 9송이를 사서 어머니와 아버지께 드리려고 합니다.
어머니께 5송이를 드린다면
아버지께 드리는 카네이션은 몇 송이일까요?

문제읽고

❶ 구하는 것에 밑줄 치고, 주어진 것에 ○표 하세요.
❷ 아버지께 드리는 카네이션이 몇 송이인지 알려면 어떻게 해야 하나요?

　　카네이션 9송이를 ＿＿＿＿＿와 어떤 수로 (**모읍니다** , **가릅니다**).

풀이쓰고

❸ 카네이션의 수 9를 5와 어떤 수로 가르기 하세요.

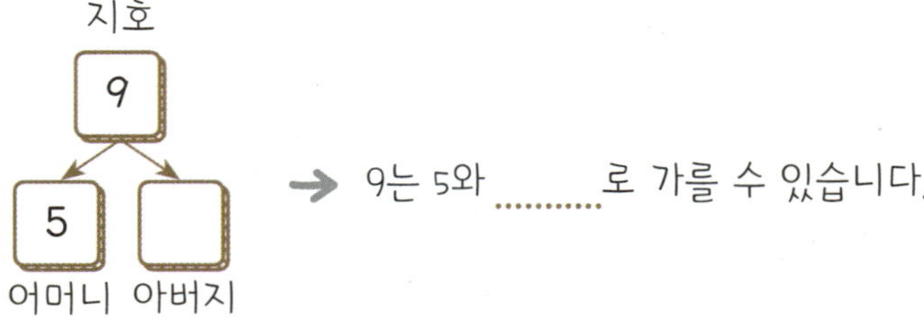

　　➜ 9는 5와 ＿＿＿＿＿로 가를 수 있습니다.

❹ 답을 쓰세요.　아버지께 드리는 카네이션은 ＿＿＿＿＿＿＿＿＿입니다.

4

귤 6개를 두 개의 접시에 똑같은 개수로 나누어 놓으려고 합니다.
귤을 접시 한 개에 몇 개씩 놓아야 할까요?

문제읽고

❶ 무엇을 구하는 문제인가요? 구하는 것에 밑줄 치세요.
❷ 주어진 것은 무엇인가요? ○표 하고 답하세요.

　　귤 ＿＿＿＿개를 접시 ＿＿＿＿개에 똑같은 개수로 나눕니다.

풀이쓰고

❸ 귤의 수 6을 가를 수 있는 방법을 모두 쓰세요. (단, 0은 사용하지 않습니다.)

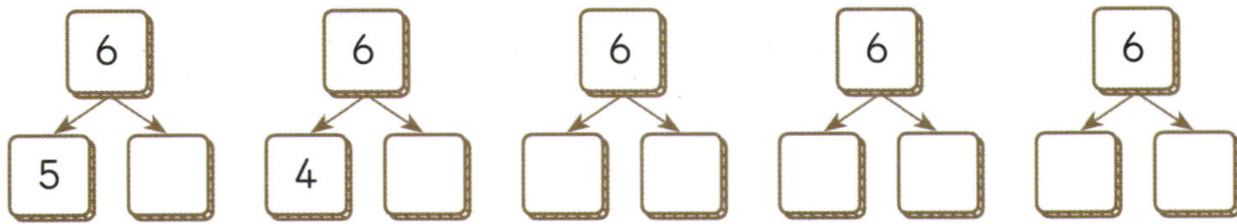

❹ ❸에서 6을 똑같은 두 수로 가른 경우를 찾아 쓰세요. ＿＿＿＿과 ＿＿＿＿

❺ 답을 쓰세요.　귤을 접시 한 개에 ＿＿＿＿＿＿＿＿씩 놓아야 합니다.

1 주원이는 딸기 맛 사탕 4개와 멜론 맛 사탕 2개를 가지고 있습니다. 주원이가 가지고 있는 사탕을 모으면 몇 개일까요?

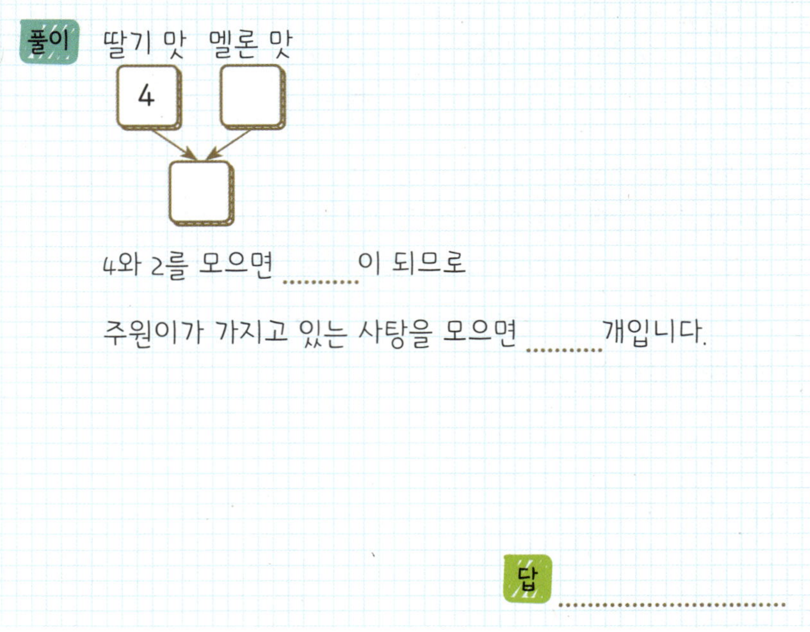

문제읽기 CHECK

☐ 구하는 것에 밑줄, 주어진 것에 ○표!

☐ 딸기 맛 사탕은? .... 개

☐ 멜론 맛 사탕은? .... 개

2 성준이는 지난주에 3권의 책을 읽었고 이번 주에는 4권의 책을 읽었습니다. 성준이가 지난주와 이번 주에 읽은 책을 모으면 몇 권일까요?

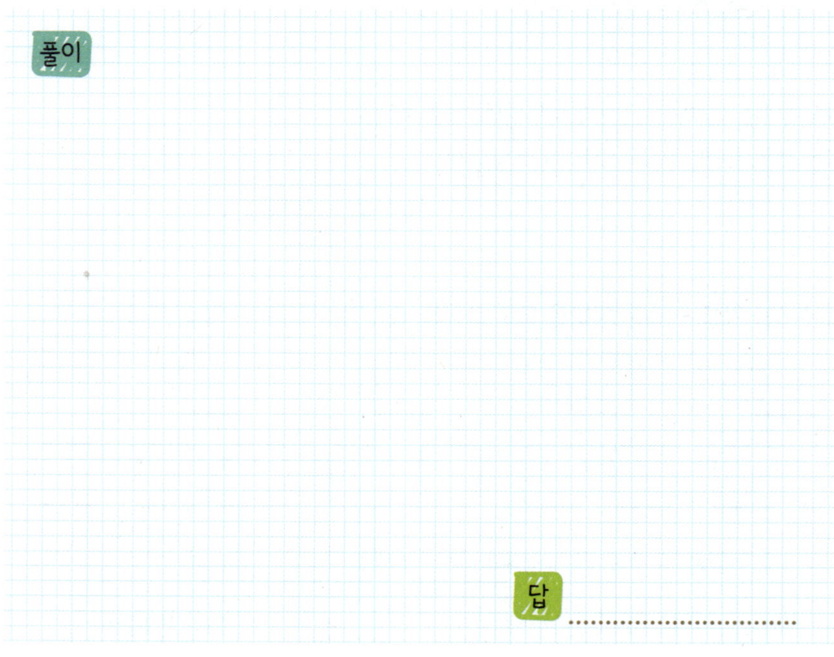

문제읽기 CHECK

☐ 구하는 것에 밑줄, 주어진 것에 ○표!

☐ 지난주에 읽은 책은? .... 권

☐ 이번 주에 읽은 책은? .... 권

3 동희는 5개의 떡 중에서 2개를 먹고 나머지는 동생에게 나누어 주었습니다. 동생에게 나누어 준 떡은 몇 개일까요?

4 연필 8자루를 두 개의 필통에 똑같이 나누어 담으려고 합니다. 연필을 필통 한 개에 몇 자루씩 담으면 될까요?

풀이 ❶ 8을 가를 수 있는 방법을 모두 쓰세요. (단, 0은 사용하지 않습니다.)

❷ 연필을 필통 한 개에 몇 자루씩 담으면 되는지 구하세요.

답

덧셈하기

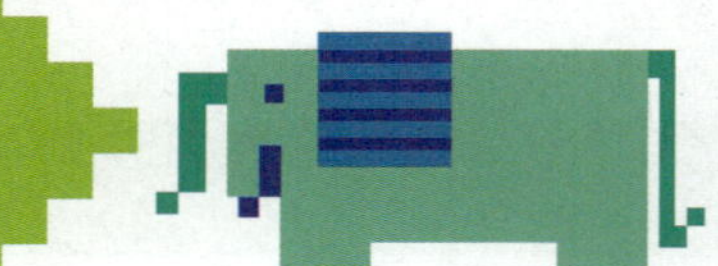

대표문제

1 사과 2개와 배 3개를 바구니에 담았습니다.
바구니에 담은 사과와 배는 모두 몇 개일까요?

문제읽고

❶ 구하는 것에 밑줄 치고, 주어진 것에 ○표 하세요.

❷ 사과와 배가 모두 몇 개인지 알려면 어떻게 해야 하나요?

사과 .... 개와 배 .... 개를 (**더합니다** , **뺍니다**).

'모두 몇 개인지' 구하는 문제는 더하기 문제예요.

풀이쓰고

❸ 식을 쓰세요.

(사과와 배의 수)

알맞은 기호에 ○표 하세요.

= (사과의 수) (**+** , **–**) (배의 수)

= .... (**+** , **–**) .... = ... (개)

❹ 답을 쓰세요.

사과와 배는 모두 .... 입니다.

한번 더 OK

2 한준이는 흰색 구슬 1개, 검은색 구슬 8개를 가지고 있습니다.
한준이가 가지고 있는 구슬은 모두 몇 개일까요?

문제읽고

❶ 구하는 것에 밑줄 치고, 주어진 것에 ○표 하세요.

❷ 한준이가 가지고 있는 구슬이 모두 몇 개인지 알려면 어떻게 해야 하나요?

흰색 구슬 .... 개와 검은색 구슬 .... 개를 (**더합니다** , **뺍니다**).

풀이쓰고

❸ 식을 쓰세요.

(구슬 수) = (흰색 구슬 수) (**+** , **–**) (검은색 구슬 수)

= .... (**+** , **–**) .... = ... (개)

❹ 답을 쓰세요.

한준이가 가지고 있는 구슬은 모두 .... 입니다.

대표문제

3

2. 덧셈과 뺄셈 ▪ 41

연주는 장미를 6송이 가지고 있고,
재찬이는 연주보다 2송이 더 많이 가지고 있습니다.
재찬이가 가지고 있는 장미는 몇 송이일까요?

문제읽고

❶ 무엇을 구하는 문제인가요? 구하는 것에 밑줄 치세요.
❷ 주어진 것은 무엇인가요? ○표 하고 답하세요.

연주는 ....송이, 재찬이는 연주보다 ....송이 더 많이 가지고 있습니다.

풀이쓰고

❸ 식을 쓰세요.

(재찬이의 장미 수) = (연주의 장미 수) (+ , −) (더 많은 장미 수)

= .... (+ , −) .... = ...(송이)

❹ 답을 쓰세요.

재찬이가 가지고 있는 장미는 ....입니다.

한단계 UP

4

동물원에 사슴이 3마리 있습니다.
기린은 사슴보다 3마리 더 많습니다.
동물원에 있는 사슴과 기린은 모두 몇 마리일까요?

문제읽고

❶ 무엇을 구하는 문제인가요? 구하는 것에 밑줄 치세요.
❷ 주어진 것은 무엇인가요? ○표 하고 답하세요.

사슴은 ....마리, 기린은 사슴보다 ....마리 더 많습니다.

풀이쓰고

❸ 기린은 몇 마리인지 구하세요.

(기린 수) = ... (+ , −) .... = ...(마리)

❹ 사슴과 기린은 모두 몇 마리인지 구하세요.

(사슴과 기린 수) = (사슴 수) (+ , −) (기린 수)

= .... (+ , −) .... = ...(마리)

❺ 답을 쓰세요.   사슴과 기린은 모두 ....입니다.

1 빈 주머니에 검은색 공 5개와 흰색 공 4개를 넣었습니다. 주머니에 들어 있는 공은 모두 몇 개일까요?

풀이 (주머니에 들어 있는 공의 수)

= (검은색 공의 수) (+ , −) (흰색 공의 수)

= ....

= ....(개)

답 ....

문제읽기 CHECK

□ 구하는 것에 밑줄,
　주어진 것에 ○표!

□ 검은색 공은? .... 개

□ 흰색 공은? .... 개

2 자동차가 주차장 1층에 3대, 2층에 5대 세워져 있습니다. 주차장 1층과 2층에 세워져 있는 자동차는 모두 몇 대일까요?

풀이

답 ....

문제읽기 CHECK

□ 구하는 것에 밑줄,
　주어진 것에 ○표!

□ 1층에? .... 대

□ 2층에? .... 대

3 필통 안에 연필이 4자루 들어 있고, 색연필은 연필보다 3자루 더 많이 들어 있습니다. 필통 안에 색연필은 몇 자루 들어 있을 까요?

풀이

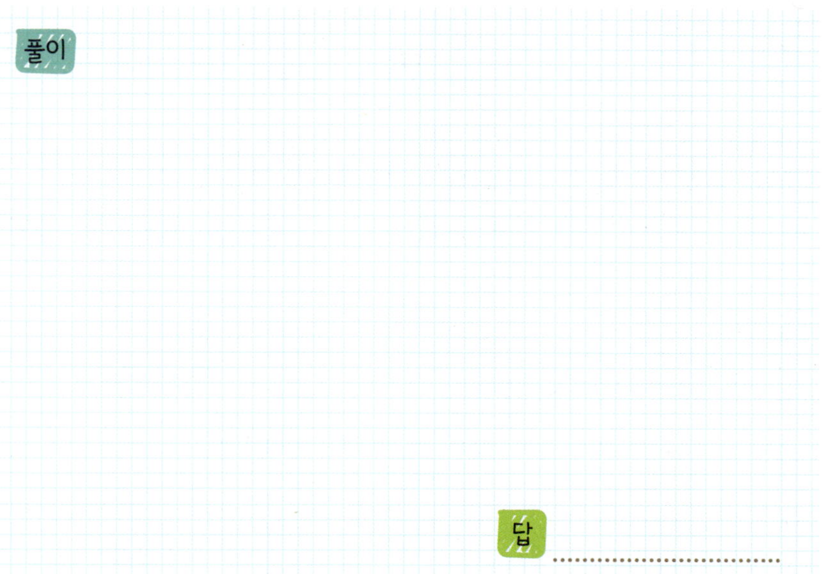

답 ....

4 놀이터에 남자 어린이가 4명 있습니다. 여자 어린이는 남자 어린이보다 1명 더 많습니다. 놀이터에 있는 어린이는 모두 몇 명일까요?

풀이 ❶ 여자 어린이는 몇 명인지 구하세요.

❷ 놀이터에 있는 남자 어린이와 여자 어린이는 모두 몇 명인지 구하세요.

답 ....

뺄셈하기

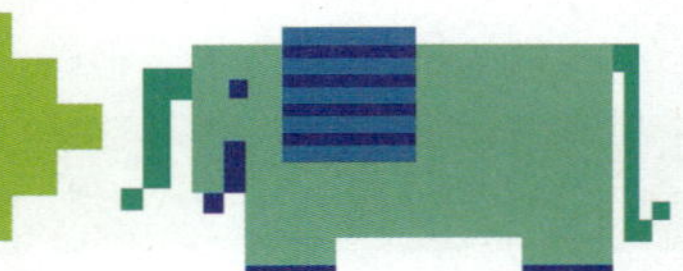

대표문제

1

나뭇가지에 새가 9마리 앉아 있었습니다.
그중에서 4마리가 날아갔습니다.
나뭇가지에 남아 있는 새는 몇 마리일까요?

문제읽고

❶ 구하는 것에 밑줄 치고, 주어진 것에 ◯표 하세요.
❷ 나뭇가지에 남아 있는 새가 몇 마리인지 알려면 어떻게 해야 하나요?

나뭇가지에 있던 새 ______ 마리에서 날아간 새 ______ 마리를 (**더합니다** , **뺍니다**).

풀이쓰고

❸ 식을 쓰세요.

(남아 있는 새의 수) = (나뭇가지에 있던 새의 수) (**+** , **−**) (날아간 새의 수)

= ______ (**+** , **−**) ______ = ______ (마리)

❹ 답을 쓰세요.

나뭇가지에 남아 있는 새는 ______________ 입니다.

한번 더 OK

2

바구니에 오렌지가 8개 있었습니다.
그중에서 3개를 먹었습니다.
바구니에 남은 오렌지는 몇 개일까요?

문제읽고

❶ 구하는 것에 밑줄 치고, 주어진 것에 ◯표 하세요.
❷ 바구니에 남은 오렌지가 몇 개인지 알려면 어떻게 해야 하나요?

처음에 있던 오렌지 ______ 개에서 먹은 오렌지 ______ 개를 (**더합니다** , **뺍니다**).

풀이쓰고

❸ 식을 쓰세요.

(남은 오렌지 수) = (처음에 있던 오렌지 수) (**+** , **−**) (먹은 오렌지 수)

= ______ (**+** , **−**) ______ = ______ (개)

❹ 답을 쓰세요.

바구니에 남은 오렌지는 ______________ 입니다.

대표 문제 3

접시에 쿠키가 7개, 초콜릿이 5개 있습니다.
쿠키는 초콜릿보다 몇 개 더 많이 있을까요?

문제읽고

❶ 구하는 것에 밑줄 치고, 주어진 것에 ○표 하세요.
❷ 쿠키가 초콜릿보다 몇 개 더 많은지 알려면 어떻게 해야 하나요?

쿠키 수 .... 에서 초콜릿 수 .... 를 (**더합니다** , **뺍니다**).

풀이쓰고

❸ 식을 쓰세요.

(쿠키와 초콜릿 수의 차) = (쿠키 수) (**+** , **−**) (초콜릿 수)

= .... (**+** , **−**) .... = ... (개)

❹ 답을 쓰세요.   쿠키는 초콜릿보다 .... 더 많이 있습니다.

한단계 UP 4

진욱이와 규진이가 운동장을 돕니다.
진욱이는 8바퀴 돌았고, 규진이는 9바퀴 돌았습니다.
누가 몇 바퀴 더 많이 돌았을까요?

문제읽고

❶ 구하는 것에 밑줄 치고, 주어진 것에 ○표 하세요.
❷ 진욱이와 규진이는 운동장을 몇 바퀴 돌았나요?

진욱 .... 바퀴, 규진 .... 바퀴

풀이쓰고

❸ 누가 운동장을 더 많이 돌았는지 구하세요.

8과 9 중에서 더 큰 수는 .... 이므로
(**진욱** , **규진**)이가 더 많이 돌았습니다.

❹ 운동장을 몇 바퀴 더 많이 돌았는지 구하세요.

(바퀴 수의 차) = (규진) (**+** , **−**) (진욱)

= .... (**+** , **−**) .... = ... (바퀴)

❺ 답을 쓰세요.

.... 이가 .... 더 많이 돌았습니다.

1 버스에 9명의 승객이 타고 있었습니다. 이번 정류장에서 3명이 내리고, 탄 사람은 없습니다. 버스에는 몇 명의 승객이 남았을까요?

풀이 (버스에 남은 승객 수)

= (버스에 타고 있던 승객 수) (+ , −) (내린 승객 수)

= ....

= ....(명)

답 ....

2 가게에 젤리가 6봉지 있었습니다. 재민이가 그중에서 2봉지를 샀습니다. 가게에 남은 젤리는 몇 봉지일까요?

풀이

답 ....

3 식탁 위에 빵이 8개, 우유가 5개 있습니다. 우유는 빵보다 몇 개 더 적게 있을까요?

풀이

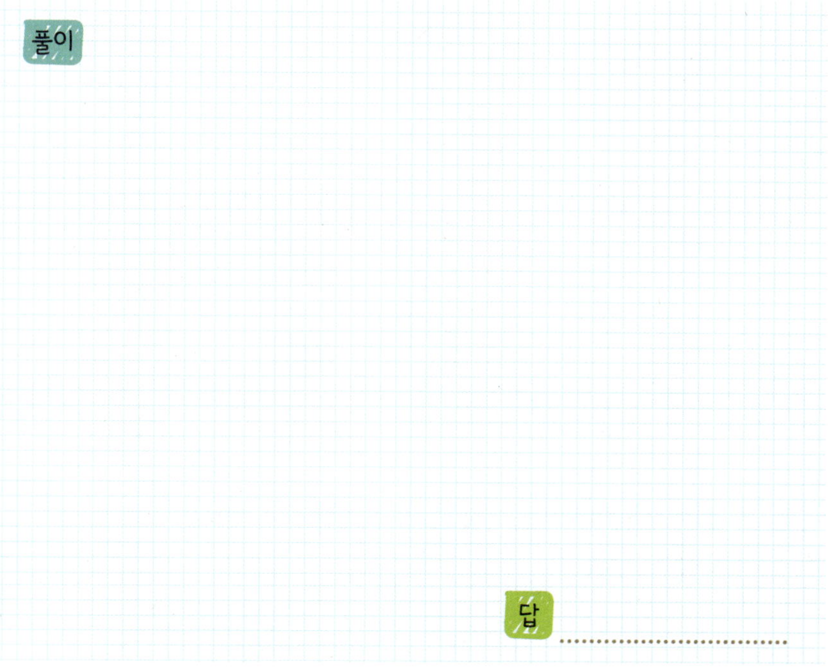

답 ....

도전!

4 사탕을 유나는 7개, 하정이는 4개 가지고 있습니다. 누가 사탕을 몇 개 더 많이 가지고 있을까요?

풀이

❶ 누가 사탕을 더 많이 가지고 있는지 구하세요.

❷ 사탕을 몇 개 더 많이 가지고 있는지 구하세요.

답 .... , ...

문장제 서술형 평가

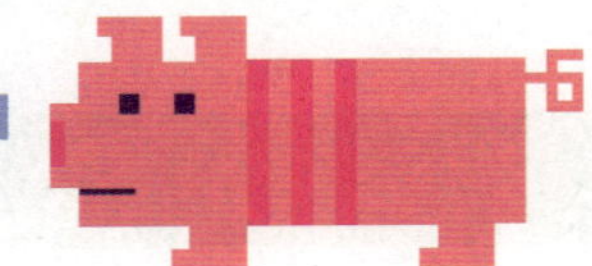

1 테니스공이 파란색 바구니에는 2개, 빨간색 바구니에는 7개 있습니다. 두 바구니에 있는 테니스공을 한 바구니에 모으면 몇 개일까요? **(5점)**

 풀이

 답

2 놀이터에 남자 어린이 3명, 여자 어린이 2명이 있습니다. 놀이터에 있는 어린이는 모두 몇 명일까요? **(5점)**

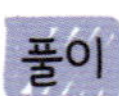 풀이

답

3 승헌이는 5살이고 승준이는 승헌이보다 4살 더 많습니다. 승준이는 몇 살일까요? **(5점)**

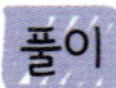 풀이

답

4 지후는 구슬 8개를 가지고 있었습니다. 그중에서 3개를 잃어버렸습니다. 남은 구슬은 몇 개일까요? **(5점)**

풀이

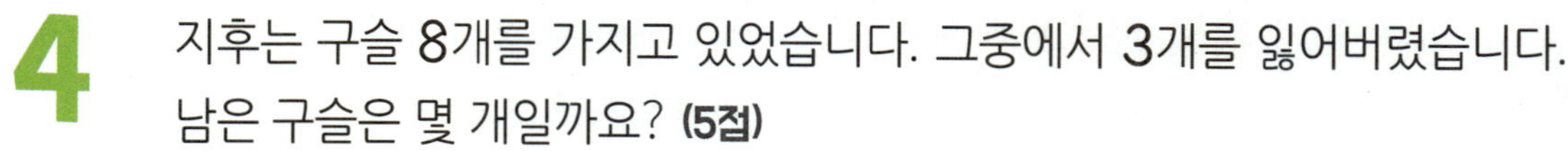

답 ....

5 색종이를 은철이는 6장 가지고 있고, 서희는 2장 가지고 있습니다. 은철이는 서희보다 색종이를 몇 장 더 많이 가지고 있을까요? **(5점)**

풀이

답 ....

6 공책 7권을 민수와 동생이 나누어 가졌습니다. 민수가 가진 공책이 3권이면 두 사람 중에서 공책을 더 많이 가진 사람은 누구일까요? **(6점)**

풀이

답 ....

7 주사위가 흰색 상자에는 **9**개, 검은색 상자에는 **2**개 들어 있습니다. 어느 상자에 주사위가 몇 개 더 많이 들어 있을까요? **(7점)**

풀이

답 

8 왼쪽 주머니에는 아몬드 **4**개와 밤 **5**개가 들어 있고, 오른쪽 주머니에는 아몬드 **5**개와 밤 **4**개가 들어 있습니다. 왼쪽 주머니와 오른쪽 주머니에 들어 있는 견과류의 수를 각각 구하고, 두 수를 비교하세요. **(8점)**

풀이

답 왼쪽 :   , 오른쪽 :

신나는 동물원 나들이

숨은 그림 8개를 찾아 ○표 해 주세요.

아빠, 엄마와 함께 동물원에 놀러 왔어요.
코끼리, 사자, 앵무새…… 아빠 어깨에 올라타서 동물 친구들을 바라봐요!
숨어 있는 그림들도 찾아볼까요?

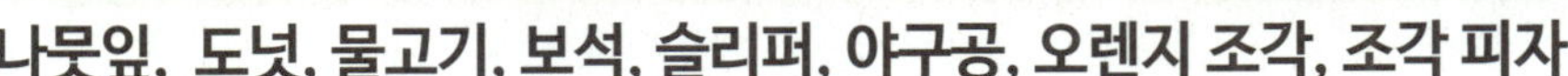

나뭇잎, 도넛, 물고기, 보석, 슬리퍼, 야구공, 오렌지 조각, 조각 피자

3 비교하기

교재 날짜	공부할 내용	공부한 날짜	스스로 평가
11일	개념 확인하기	/	😄 🙂 😟
12일	길이 비교, 높이 비교	/	😄 🙂 😟
13일	무게 비교, 넓이 비교	/	😄 🙂 😟
14일	담을 수 있는 양 비교	/	😄 🙂 😟
15일	문장제 서술형 평가	/	😄 🙂 😟

> ## 정확한 용어를 사용하여 비교한 결과를 표현해 보세요.
>
> 엄마와 나의 키를 비교할 때에는 '크다, 작다', 몸무게를 비교할 때에는 '무겁다, 가볍다',
> 손가락의 길이를 비교할 때에는 '길다, 짧다'라는 말을 사용해야 해요.
> 무엇을 비교하느냐에 따라 비교하는 말이 달라지므로
> 정확한 용어를 사용하여
> 비교한 결과를 표현하는 연습을 해 보세요.

1 더 긴 것에 ○표 하세요.

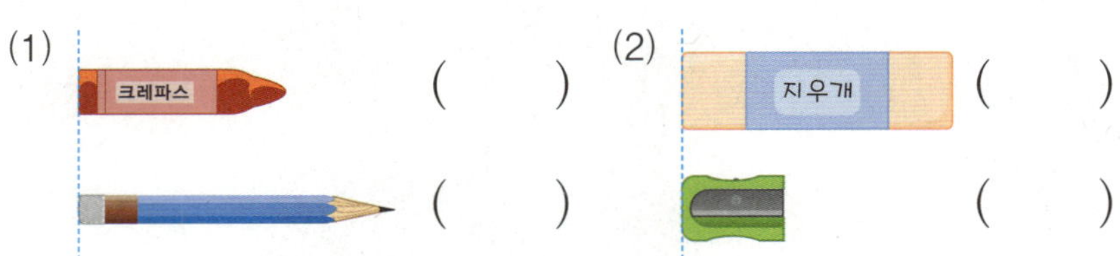

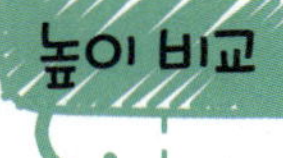

2 가장 높은 것에 ○표 하세요.

3 더 무거운 것에 ○표 하세요.

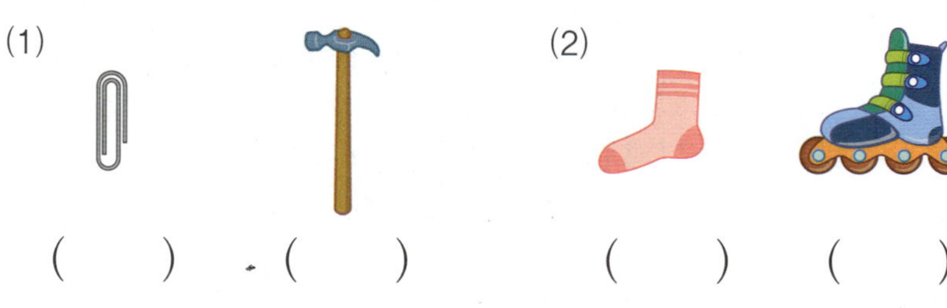

4 더 넓은 것에 ◯표 하세요.

(1) 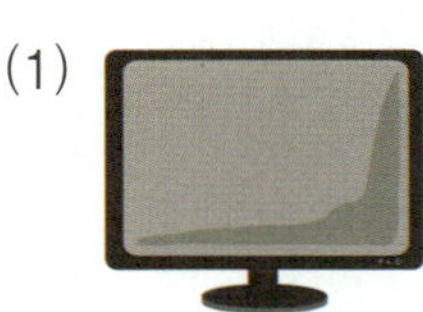　

(　　)　　　　(　　)

(2) 　

(　　)　　　　(　　)

5 가장 좁은 것에 ◯표 하세요.

(　　)　　　　(　　)　　　　(　　)

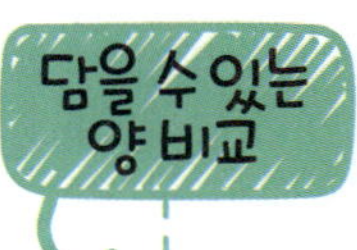

6 물을 더 많이 담을 수 있는 것에 ◯표 하세요.

(1) 　　　　

(　　)　　　　(　　)

(2) 　　　　

(　　)　　　　(　　)

길이 비교, 높이 비교

1

오른쪽 그림은 재선이네 모둠 5명이
멀리뛰기 한 곳을 표시한 것입니다.
가장 멀리 뛴 어린이는 누구일까요?

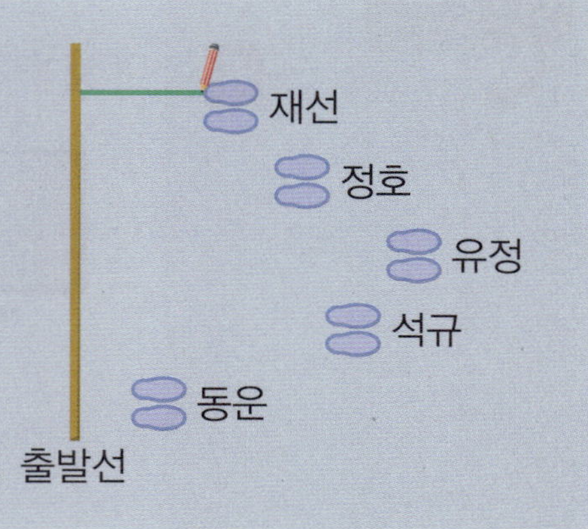

문제읽고

❶ 무엇을 구하는 문제인가요? 구하는 것에 밑줄 치세요.

❷ 가장 멀리 뛴 어린이는 어떻게 찾나요?

출발선에서 뛴 길이가 (**길수록** , **짧을수록**) 멀리 뛴 것입니다.

풀이쓰고

❸ 출발선과 5명의 어린이가 멀리 뛴 위치를
오른쪽 그림에 선으로 이어 보세요.

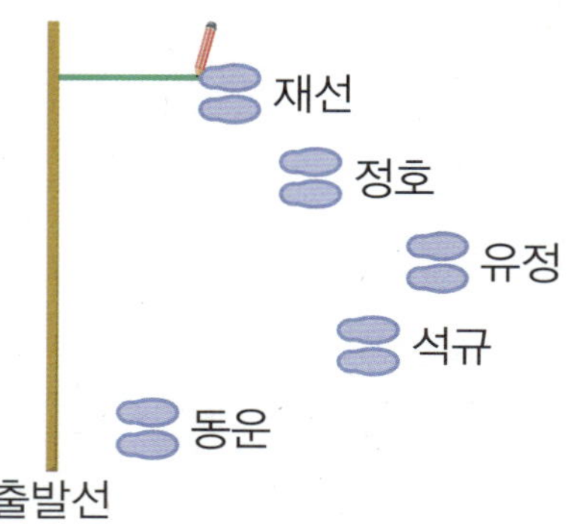

❹ 가장 멀리 뛴 어린이를 알아보세요.

❸에서 그은 선의 길이가 가장 (**긴** , **짧은**) 어린이를 찾으면

(**재선** , **정호** , **유정** , **석규** , **동운**)입니다.

❺ 답을 쓰세요.

가장 멀리 뛴 어린이는 ....입니다.

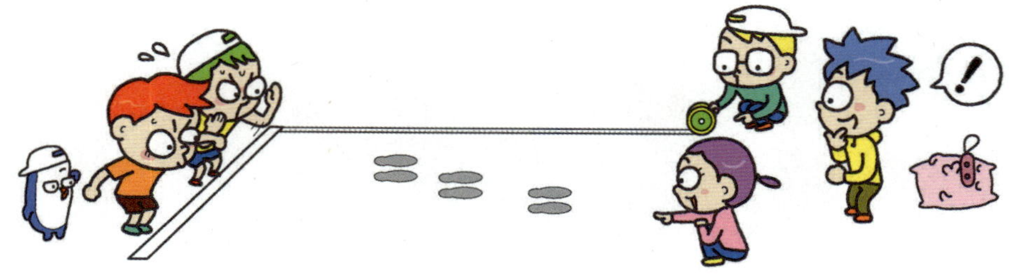

대표 문제

2

명우, 지호, 현수, 민규는 발판 위에 올라가 키를 똑같이 맞추었습니다.
키가 가장 작은 어린이는 누구일까요?

문제읽고

❶ 구하는 것에 밑줄 치고, 주어진 것에 ◯표 하세요.

❷ 키가 가장 작은 어린이는 어떻게 찾나요?

　　머리끝에서 발끝까지의 길이가 (**길수록** , **짧을수록**) 키가 작은 것입니다.

풀이쓰고

❸ 머리끝을 기준선으로 하여 기준선에서 발끝까지의 길이를 선으로 이어 보세요.

❹ 키가 가장 작은 어린이를 알아보세요.

　　❸에서 그은 선의 길이가 가장 (**긴** , **짧은**) 어린이를 찾으면 .... 입니다.

❺ 답을 쓰세요.　　키가 가장 작은 어린이는 .... 입니다.

기적 특강

어떤 것을 비교할 때에는 정확한 용어를 사용해야 해요!

길이를 비교할 때에는 ➡ 길다, 짧다　　　　무게를 비교할 때에는 ➡ 무겁다, 가볍다

높이를 비교할 때에는 ➡ 높다, 낮다　　　　넓이를 비교할 때에는 ➡ 넓다, 좁다

키를 비교할 때에는 ➡ 크다, 작다　　　　　양을 비교할 때에는 ➡ 많다, 적다

1 다음 학용품 중에서 연필보다 긴 것은 모두 몇 개인가요?

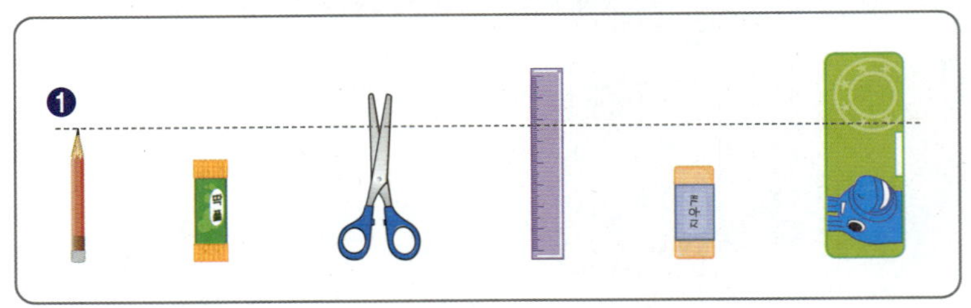

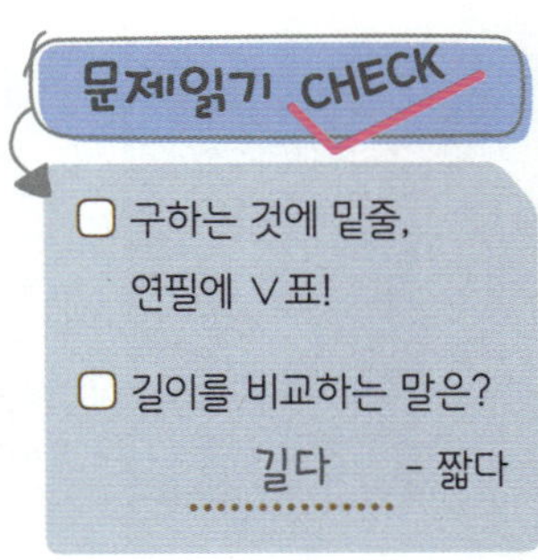

풀이

❶ 학용품의 아래쪽 끝이 맞추어져 있으므로
연필 (**위쪽** , **아래쪽**) 끝을 기준으로 선을 긋습니다.

❷ 기준선보다 위쪽으로 올라온 것을 모두 찾으면
(**풀** , **가위** , **자** , **지우개** , **필통**)이므로
연필보다 긴 것은 모두 .... 개입니다.

답 ....

2 정훈, 지영, 세나가 철봉에 매달려 있습니다. 키가 작은 어린이부터 차례로 이름을 쓰세요.

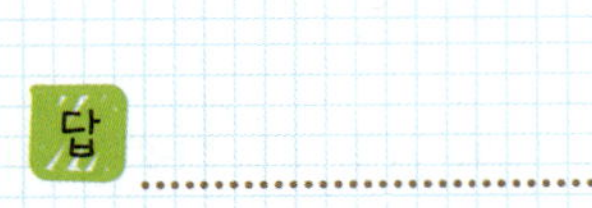

풀이

❶ 위의 그림에 정훈, 지영, 세나의 발끝에 맞춰 선을 각각 그어 보세요.

❷ 세 어린이의 발끝을 비교하여 키가 작은 어린이부터 차례로 이름을 쓰세요.

답 ....

3 현지네 동네 빨간 벽돌 건물에는 4층에 미용실, 1층에 은행, 7층에 영화관이 있습니다. 미용실, 은행, 영화관 중에서 가장 높은 곳에 있는 것은 무엇일까요?

풀이

❶ 오른쪽 그림의 알맞은 층수에 미용실, 은행, 영화관을 써넣으세요.

❷ 가장 높은 곳에 있는 것은 무엇인지 구하세요.

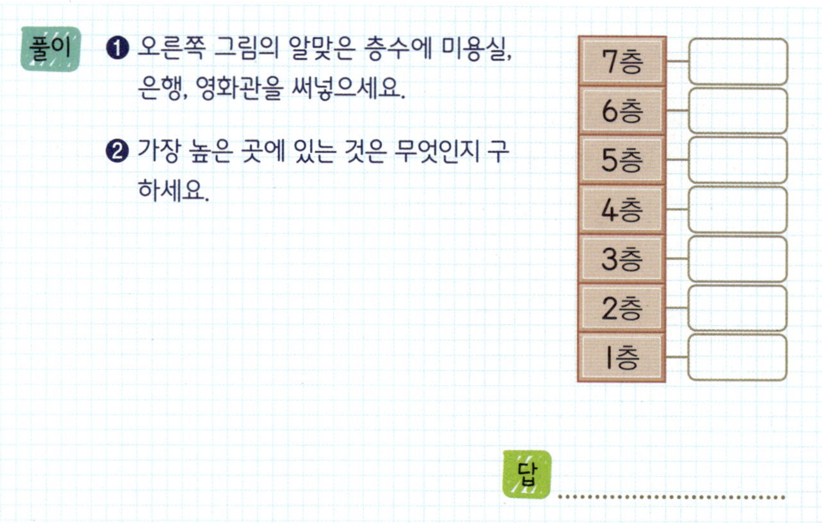

답 ....

도전!

4 줄넘기, 지팡이, 우산을 보고 길이를 비교하여 설명한 것입니다. 길이가 가장 짧은 것은 무엇일까요?

풀이

❶ 설명에 맞게 지팡이와 우산을 각각 선으로 그어 보세요.

줄넘기

지팡이

우산

❷ 길이가 가장 짧은 것은 무엇인지 구하세요.

답 ....

무게 비교, 넓이 비교

대표문제

1 현수와 은채가 시소에 앉았습니다.
더 무거운 사람은 누구일까요?

문제읽고

❶ 무엇을 구하는 문제인가요? 구하는 것에 밑줄 치세요.
❷ 알고 있는 것은 무엇인가요? 알맞은 말에 ○표 하세요.

시소는 더 무거운 쪽이 (**올라갑니다** , **내려갑니다**).

풀이쓰고

❸ 더 무거운 사람을 알아보세요.

시소가 (**올라간** , **내려간**) 쪽이 더 무거우므로

(**현수** , **은채**)가 (**현수** , **은채**)보다 더 무겁습니다.

❹ 답을 쓰세요.

더 무거운 사람은 ....입니다.

한번 더 OK

2 준하와 연우가 똑같은 음료수를 봉지에 담았습니다.
준하는 8개, 연우는 5개 담았을 때,
누구의 봉지가 더 가벼울까요?

문제읽고

❶ 구하는 것에 밑줄 치고, 주어진 것에 ○표 하세요.
❷ 더 가벼운 봉지는 어떻게 찾나요?

음료수를 (**많이** , **적게**) 담을수록 봉지가 가볍습니다.

풀이쓰고

❸ 음료수의 수를 비교하세요.

음료수를 준하는 ....개, 연우는 ....개 담았으므로

음료수를 더 적게 담은 사람은 (**준하** , **연우**)입니다.

❹ 답을 쓰세요.

............................의 봉지가 더 가볍습니다.

3

크기가 다른 동화책과 위인전이 있습니다.
동화책 위에 위인전을 놓았더니 동화책이 보이지 않았습니다.
더 좁은 책은 무엇일까요?

문제읽고

❶ 구하는 것에 밑줄 치고, 주어진 것에 ○표 하세요.
❷ 더 좁은 책은 어떻게 찾나요?

서로 겹쳤을 때 남는 부분이 (**없는** , **있는**) 책이 더 좁습니다.

풀이쓰고

❸ 동화책이 보이지 않도록 동화책 위에 위인전을 ▮로 나타내세요.

❹ ❸에서 나타낸 책의 넓이를 비교하여 더 좁은 책을 알아보세요.

서로 겹쳤을 때 남는 부분이 없는 (**동화책** , **위인전**)이 더 좁습니다.

❺ 답을 쓰세요.

더 좁은 책은 ....입니다.

4

동준이와 승한이는
오른쪽 그림과 같이 색칠하였습니다.
더 넓게 색칠한 사람은 누구일까요?

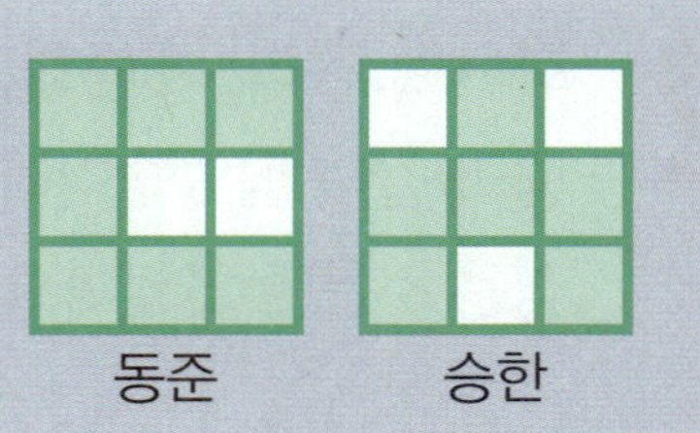

문제읽고

❶ 무엇을 구하는 문제인가요? 구하는 것에 밑줄 치세요.
❷ 더 넓게 색칠한 사람은 어떻게 찾나요?

색칠한 칸의 수가 (**많을수록** , **적을수록**) 더 넓게 색칠한 것입니다.

풀이쓰고

❸ 색칠한 칸의 수를 비교하세요.

동준이는 ....칸, 승한이는 ....칸 색칠하였으므로
더 많은 칸을 색칠한 사람은 (**동준** , **승한**)입니다.

❹ 답을 쓰세요.

더 넓게 색칠한 사람은 ....입니다.

1 양팔 저울의 양쪽에 딸기 1개와 배 1개를 각각 놓았더니 그림과 같이 기울어졌습니다. 딸기를 올려놓은 쪽의 기호를 쓰세요.

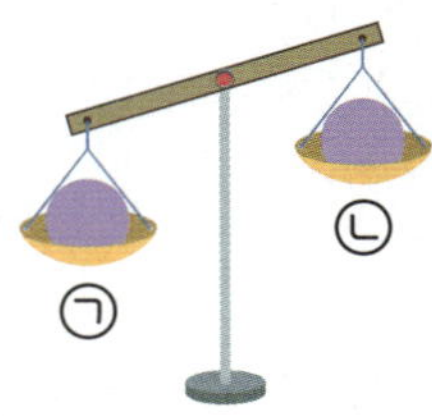

문제읽기 CHECK

☐ 구하는 것에 밑줄, 주어진 것에 ○표!

☐ 올라간 쪽의 기호는?
....

☐ 내려간 쪽의 기호는?
....

풀이

❶ 딸기가 배보다 더 (**무겁습니다** , **가볍습니다**).

❷ 딸기를 올려놓은 쪽은 양팔 저울에서 (**내려간** , **올라간**) 쪽이므로 (㉠ , ㉡)입니다.

답 ....

2 화단에 장미, 채송화, 국화를 오른쪽 그림과 같이 심었습니다. 가장 좁은 부분에 심은 것은 무엇일까요?

장	미		채
			송
국	화		화

문제읽기 CHECK

☐ 구하는 것에 밑줄!

☐ 더 좁게 심은 것은? 꽃을 심은 칸의 수가 더 (많은 , **적은**) 것

풀이

❶ 화단에 장미, 채송화, 국화를 각각 몇 칸씩 심었나요?

❷ 가장 좁은 부분에 심은 것은 무엇인지 구하세요.

답 ....

3 지우개 5개와 연필 8자루의 무게가 같습니다. 지우개 1개와 연필 1자루 중에서 더 무거운 것은 무엇일까요? (단, 지우개와 연필은 각각 크기와 모양이 같습니다.)

풀이

❶ 연필을 3자루 덜어내면 지우개 5개와 연필 5자루 중에서 어느 쪽이 아래로 내려가는지 알맞은 ⬇에 ○표 하세요.

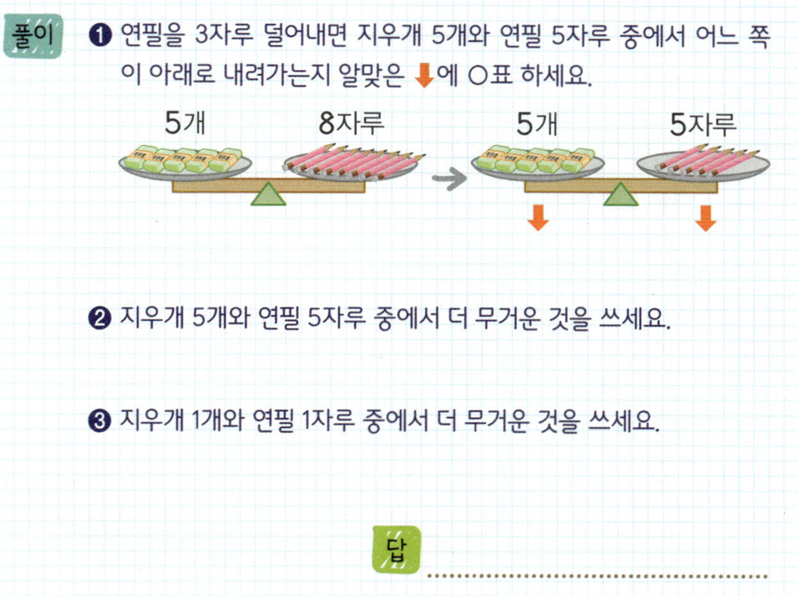

❷ 지우개 5개와 연필 5자루 중에서 더 무거운 것을 쓰세요.

❸ 지우개 1개와 연필 1자루 중에서 더 무거운 것을 쓰세요.

답 ....

4 크기가 다른 빨간색, 초록색, 노란색 종이의 넓이를 비교하였습니다. 가장 넓은 종이는 무엇일까요?

> ㉠ 빨간색 종이는 초록색 종이보다 더 좁습니다.
> ㉡ 빨간색 종이는 노란색 종이보다 더 좁습니다.
> ㉢ 노란색 종이는 초록색 종이보다 더 넓습니다.

풀이

❶ ㉠, ㉡, ㉢의 설명에 맞게 색칠하세요.

㉠ ■ ■   ㉡ □ □   ㉢ □ □

❷ 가장 넓은 종이는 무엇인지 구하세요.

답 ....

담을 수 있는 양 비교

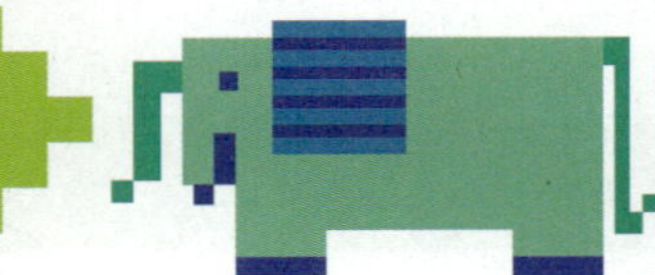

대표 문제

1

하정이와 재민이는 오른쪽 그림과 같은 컵에
우유를 가득 담아 모두 마셨습니다.
우유를 더 적게 마신 사람은 누구일까요?

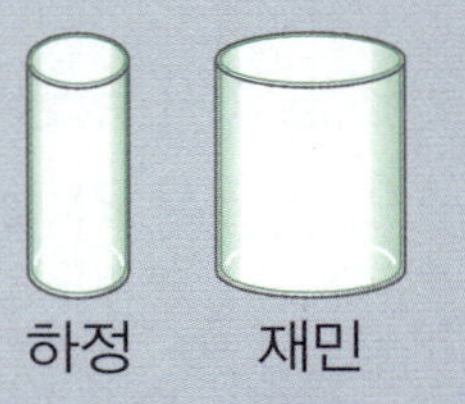

문제읽고

❶ 무엇을 구하는 문제인가요? 구하는 것에 밑줄 치세요.
❷ 우유를 더 적게 마신 사람은 어떻게 찾나요?

　컵이 (**클수록** , **작을수록**) 담을 수 있는 우유의 양이 더 적습니다.

풀이쓰고

❸ 컵의 크기를 비교하세요.

　(**하정** , **재민**)이의 컵이 (**하정** , **재민**)이의 컵보다 더 작습니다.

❹ 답을 쓰세요.

　우유를 더 적게 마신 사람은 ....입니다.

한번 더 OK

2

태현이와 친구들이 똑같은 물통에 그림과 같이 물을 담았습니다.
물을 가장 많이 담은 사람은 누구일까요?

문제읽고

❶ 구하는 것에 밑줄 치고, 주어진 것에 ○표 하세요.
❷ 물을 가장 많이 담은 사람은 어떻게 찾나요?

　물의 높이가 (**높을수록** , **낮을수록**) 들어 있는 물의 양이 더 많습니다.

풀이쓰고

❸ 물의 높이를 비교하세요.

　물의 높이가 가장 높은 것은 (**태현** , **준서** , **예나**)의 물통입니다.

❹ 답을 쓰세요.　물을 가장 많이 담은 사람은 ....입니다.

3

㉠과 ㉡ 두 물병에 물을 가득 채우기 위해
똑같은 컵으로 물을 부은 횟수입니다.
물이 더 많이 들어가는 물병은 어느 것일까요?
(단, 한 번에 부은 물의 양은 일정합니다.)

> ㉠ 물병 – 5번
> ㉡ 물병 – 3번

문제읽고

❶ 구하는 것에 밑줄 치고, 주어진 것에 ○표 하세요.
❷ 물이 더 많이 들어가는 물병은 어떻게 찾나요?

　물을 부은 횟수가 (**많을수록** , 적을수록) 물병에 물이 더 많이 들어갑니다.

풀이쓰고

❸ 물을 부은 횟수를 비교하세요.

　㉠ 물병에는 _______번, ㉡ 물병에는 _______번 부었으므로

　물을 더 많이 부은 물병은 (㉠ , ㉡) 물병입니다.

㉠ 물병　　㉡ 물병

❹ 답을 쓰세요.

　물이 더 많이 들어가는 물병은 _____________ 물병입니다.

4

냄비와 주전자에 물을 가득 담아 똑같은 어항에 물을 가득 채웠습니다.
냄비와 주전자로 물을 부은 횟수가 다음과 같다면
냄비와 주전자 중에서 담을 수 있는 양이 더 많은 것은 무엇일까요?

> 냄비 – 4번　　주전자 – 7번

문제읽고

❶ 구하는 것에 밑줄 치고, 주어진 것에 ○표 하세요.
❷ 담을 수 있는 양이 더 많은 것은 어떻게 찾나요?

　물을 부은 횟수가 (**많을수록** , 적을수록) 담을 수 있는 양이 더 많습니다.

풀이쓰고

❸ 물을 부은 횟수를 비교하세요.

　냄비로는 _______번, 주전자로는 _______번 부었으므로

　물을 부은 횟수가 더 적은 것은 (냄비 , **주전자**)입니다.

❹ 답을 쓰세요.　　담을 수 있는 양이 더 많은 것은 _____________입니다.

1 어머니께서는 담을 수 있는 양이 가장 많은 김치통을 샀습니다. 어머니께서 산 김치통은 어느 것인지 기호를 쓰세요.

문제읽기 CHECK

☐ 구하는 것에 밑줄,
주어진 것에 〇표!

☐ 담을 수 있는 양은?
김치통이
(클수록 , 작을수록)
더 많다.

풀이

❶ 김치통이 큰 것부터 차례로 기호를 쓰면
.... 입니다.

❷ 담을 수 있는 양이 가장 많은 김치통은
가장 (**큰** , **작은**) 김치통이므로 (㉠ , ㉡ , ㉢)입니다.
따라서 어머니께서 산 김치통은 (㉠ , ㉡ , ㉢)입니다.

답 ....

---

2 유리잔에 가득 찬 주스를 각자 마시고 난 후 다음과 같이 주스가 남았습니다. 주스를 가장 많이 마신 사람은 누구일까요?

문제읽기 CHECK

☐ 구하는 것에 밑줄,
주어진 것에 〇표!

☐ 마신 양은?
남은 주스의 높이가
(**높을수록** , **낮을수록**)
더 많다.

풀이

❶ 남은 주스의 높이가 낮은 사람부터 차례로 이름을 쓰세요.

❷ 주스를 가장 많이 마신 사람은 누구인지 구하세요.

답 ....

3 똑같은 바가지로 항아리와 물통에 들어 있는 물을 모두 퍼냈더니 항아리는 바가지로 4번, 물통은 바가지로 6번 퍼냈습니다. 항아리와 물통 중에서 어느 것에 물이 더 적게 들어 있었을까요? (단, 한 번에 퍼내는 물의 양은 일정합니다.)

풀이

❶ 바가지로 물을 퍼낸 횟수가

항아리는 .... 번, 물통은 .... 번입니다.

❷ 물을 퍼낸 횟수가 (**많은** , **적은**) 쪽에

물이 더 적게 들어 있었던 것이므로

(**항아리** , **물통**)에 물이 더 적게 들어 있었습니다.

 **답** ....

4 은수와 혜선이는 똑같은 음료수를 샀습니다. 은수는 ㉠ 컵에 가득 채워 세 번, 혜선이는 ㉡ 컵에 가득 채워 다섯 번 따라 마셨더니 음료수병이 비었습니다. ㉠ 컵과 ㉡ 컵 중에서 담을 수 있는 양이 더 적은 컵은 어느 것일까요?

풀이

❶ 음료수를 따라 마신 컵의 수를 비교하세요.

❷ ㉠ 컵과 ㉡ 컵 중에서 담을 수 있는 양이 더 적은 컵은 어느 것인지 구하세요.

 **답** ....

문장제 서술형 평가

1 미라와 손하가 공던지기를 하였습니다. 누가
더 멀리 던졌을까요? **(5점)**

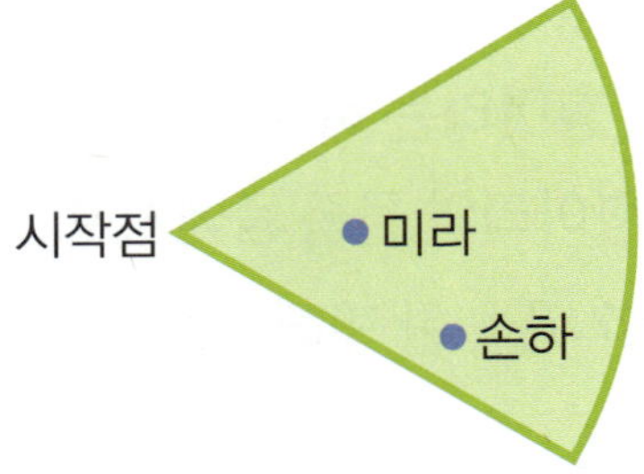

풀이

답 ....

2 크기와 모양이 같은 쇠구슬을 똑같은 빈 유리병 속에 명지는 **7**개, 수원이
는 **4**개 넣었습니다. 누구의 유리병이 더 무거울까요? **(5점)**

풀이

답 ....

3 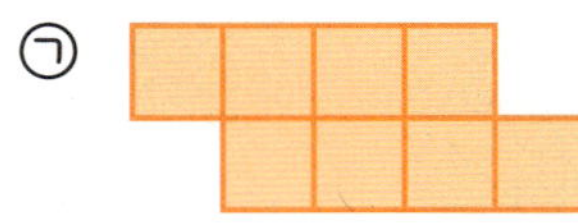의 넓이가 모두 같을 때, 더 넓은 것의 기호를 쓰세요. **(5점)**

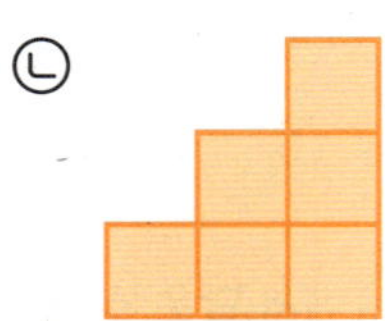

풀이

답 ....

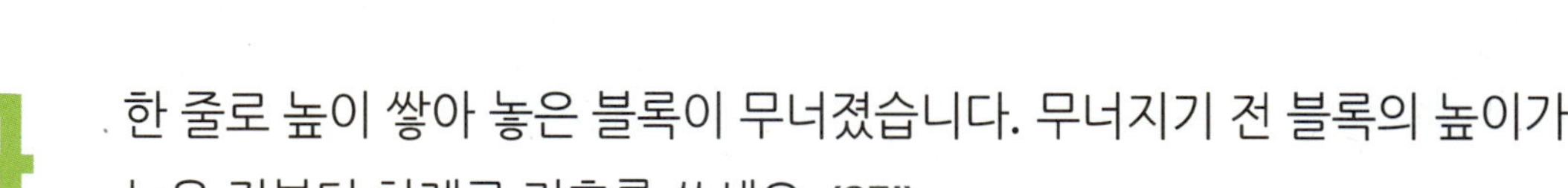

4 한 줄로 높이 쌓아 놓은 블록이 무너졌습니다. 무너지기 전 블록의 높이가 높은 것부터 차례로 기호를 쓰세요. **(6점)**

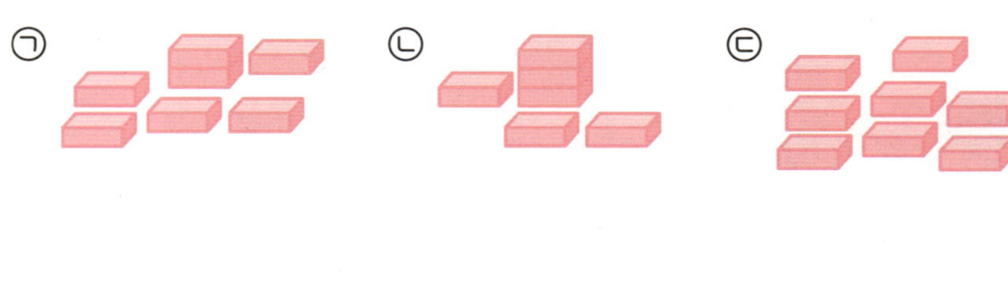

풀이

답 ....

5 강아지, 고양이, 토끼의 무게를 비교하였습니다. 무거운 동물부터 차례로 쓰세요. **(6점)**

> • 강아지는 고양이보다 더 가볍습니다.
> • 강아지는 토끼보다 더 무겁습니다.
> • 토끼는 고양이보다 더 가볍습니다.

풀이

답 ....

6 똑같은 유리컵에 물을 가득 담아 마시고 남은 물이 다음과 같습니다. 물을 가장 적게 마신 사람은 누구일까요? **(6점)**

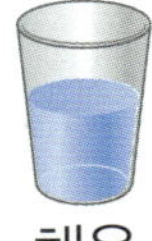   

풀이

답 ....

7 크기가 다른 **3**개의 물통이 있습니다. ㉮ 물통에 가득 담긴 물을 ㉯ 물통에 부으면 물이 모자라고, ㉰ 물통에 부으면 물이 넘칩니다. 물이 가장 많이 들어가는 물통은 어느 것일까요? **(7점)**

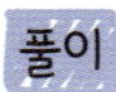

답 ....

8 필통에 연필, 볼펜, 지우개, 자, 가위가 들어 있습니다. 이 중에서 **2**개를 꺼내어 가장 길게 이으려면 어느 것과 어느 것을 이어야 할까요? **(7점)**

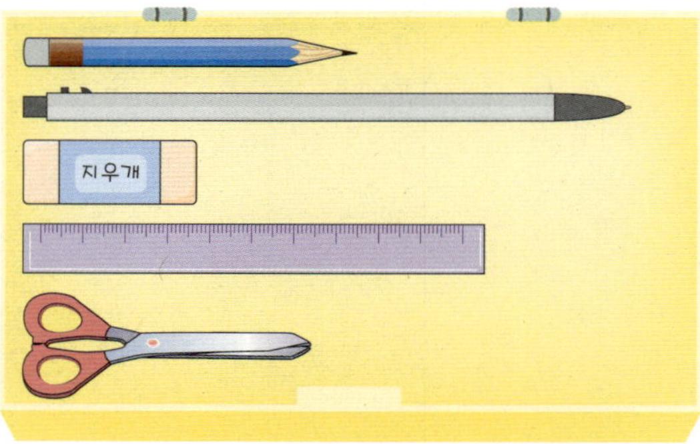

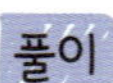

답 .... , ...

친구들이 달라졌어요

다른 부분 7군데를 찾아 ○표 해 주세요.

동물 친구들이 옹기종기 모여 이야기를 나누고 있어요.
하하 호호, 무슨 이야기를 하고 있는지 들어볼까요?

4 50까지의 수

교재 날짜	공부할 내용	공부한 날짜	스스로 평가
16일	개념 확인하기	/	☺ ☺ ☹
17일	50까지의 수	/	☺ ☺ ☹
18일	모으기와 가르기	/	☺ ☺ ☹
19일	수의 순서	/	☺ ☺ ☹
20일	수의 크기 비교	/	☺ ☺ ☹
21일	문장제 서술형 평가	/	☺ ☺ ☹

10개보다 많은 물건의 개수를 세어 보세요.

물건의 개수를 셀 때에는 10개씩 묶어서 세는 것이 편리해요.
과자가 10개씩 묶음 2개와 낱개 4개가 있다면 모두 24개예요.
반대로 퍼즐 조각 45개가 모두 있는지 확인하려면 10개씩 묶음 4개와 낱개 5개인지 알아보면 돼요.
과자나 사탕, 장난감의 개수를 세어 두 가지 방법으로 읽어 보고,
10개씩 묶음과 낱개의 수로 바꾸어 표현하면서 50까지의 수를 재미있게 익혀 보세요.

개념 확인하기

1 빈칸에 알맞은 수 또는 말을 써넣으세요.

모형	수		읽기
	12		열둘
		십오	

2 모으기와 가르기를 해 보세요.

(1)
9 4
→

(2)
10
4

3 그림을 보고 빈 곳에 알맞은 수 또는 말을 써넣으세요.

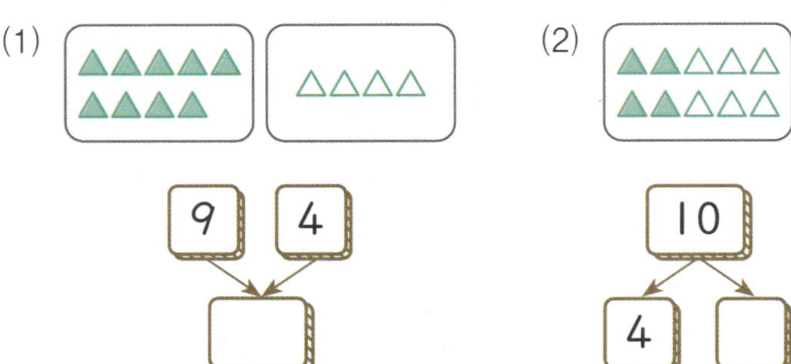

→ 10개씩 묶음이 .... 개이므로 .... 입니다.

사십 또는 .... 이라고 읽습니다.

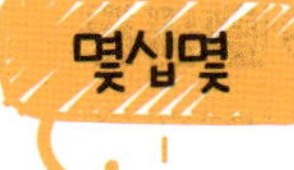

4 그림을 보고 빈 곳에 알맞은 수 또는 말을 써넣으세요.

→ 10개씩 묶음 2개와 낱개 8개이므로 ....입니다.

.... 또는 스물여덟이라고 읽습니다.

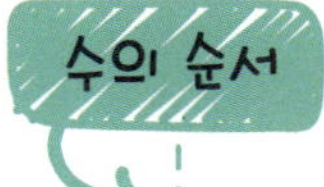

5 빈 곳에 알맞은 수를 써넣으세요.

(1) 49 다음 수는 ....입니다.

(2) 26보다 1 작은 수는 ....이고,

26보다 1 큰 수는 ....입니다.

(3) 28과 32 사이에 있는 수는

............, ..., ...입니다.

6 그림을 보고 알맞은 말에 ○표 하세요.

33 :

35 :

→ 33은 35보다 (큽니다 , 작습니다).

35는 33보다 (큽니다 , 작습니다).

50까지의 수

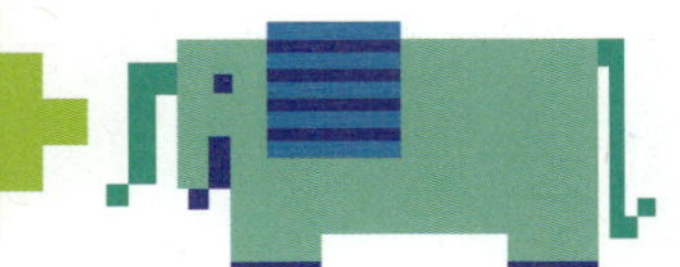

대표문제

1 경원이는 수수깡을 10개씩 묶음으로 3개 가지고 있습니다.
경원이가 가지고 있는 수수깡은 모두 몇 개일까요?

문제읽고

❶ 무엇을 구하는 문제인가요? 구하는 것에 밑줄 치세요.
❷ 주어진 것은 무엇인가요? ○표 하고 답하세요.

10개씩 묶음	낱개
	0

풀이쓰고

❸ 수수깡의 수를 10개씩 묶음과 낱개를 이용해서 구하세요.

10개씩 묶음 .... 개는 .... 입니다.

❹ 답을 쓰세요.

수수깡은 모두 .... 입니다.

한번 더 OK

2 호두과자를
한 봉지에 10개씩 넣었더니 4봉지가 되고 6개가 남았습니다.
호두과자는 모두 몇 개일까요?

문제읽고

❶ 무엇을 구하는 문제인가요? 구하는 것에 밑줄 치세요.
❷ 주어진 것은 무엇인가요? ○표 하고 답하세요.

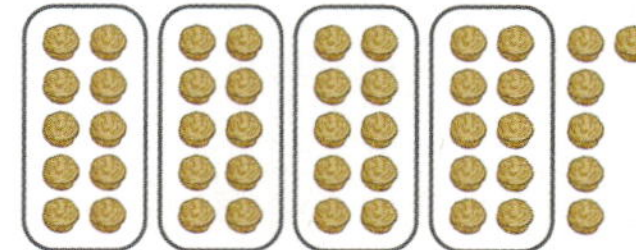

10개씩 묶음	낱개

풀이쓰고

❸ 호두과자의 수를 10개씩 묶음과 낱개를 이용해서 구하세요.

10개씩 묶음 4개는 .... 이고 낱개 .... 개가 있으므로 모두 .... 입니다.

❹ 답을 쓰세요.

호두과자는 모두 .... 입니다.

대표문제

3

공책 37권을 10권씩 묶어서 포장하려고 합니다.
10권씩 포장한 공책은 몇 묶음이 되고 몇 권이 남을까요?

문제읽고

❶ 무엇을 구하는 문제인가요? 구하는 것에 밑줄 치세요.
❷ 주어진 것은 무엇인가요? ○표 하고 답하세요.

  전체 공책 ＿＿＿＿＿ 권, 한 묶음으로 묶는 공책 ＿＿＿＿＿ 권

풀이쓰고

❸ 공책의 수를 10개씩 묶음과 낱개로 나타내세요.

	10개씩 묶음	낱개
37 →	3	

  37은 10개씩 묶음 ＿＿＿ 개와 낱개 ＿＿＿ 개입니다.

❹ 답을 쓰세요. 공책은 ＿＿＿＿＿＿ 이 되고 ＿＿＿＿＿＿＿ 이 남습니다.

한단계 UP

4

달걀 24개를 한 상자에 10개씩 담으려고 합니다.
상자에 담을 수 없는 달걀은 몇 개일까요?

문제읽고

❶ 무엇을 구하는 문제인가요? 구하는 것에 밑줄 치세요.
❷ 주어진 것은 무엇인가요? ○표 하고 답하세요.

  전체 달걀 ＿＿＿＿＿ 개, 한 상자에 담는 달걀 ＿＿＿＿＿ 개

풀이쓰고

❸ 달걀의 수를 10개씩 묶음과 낱개로 나타내세요.

	10개씩 묶음	낱개
24 →		

  24는 10개씩 묶음 ＿＿＿ 개와 낱개 ＿＿＿ 개입니다.

  달걀은 ＿＿＿ 상자가 되고 ＿＿＿ 개가 남습니다.

❹ 답을 쓰세요.

  상자에 담을 수 없는 달걀은 ＿＿＿＿＿＿ 입니다.

1 예지는 한 상자에 10개씩 들어 있는 미술용 지우개 2상자와 동물 모양 지우개 5개를 샀습니다. 예지가 산 지우개는 모두 몇 개일까요?

풀이 10개씩 묶음 2개는 .... 이고 낱개 **5** 개가 있으므로

지우개는 모두 .... 개입니다.

답 ....

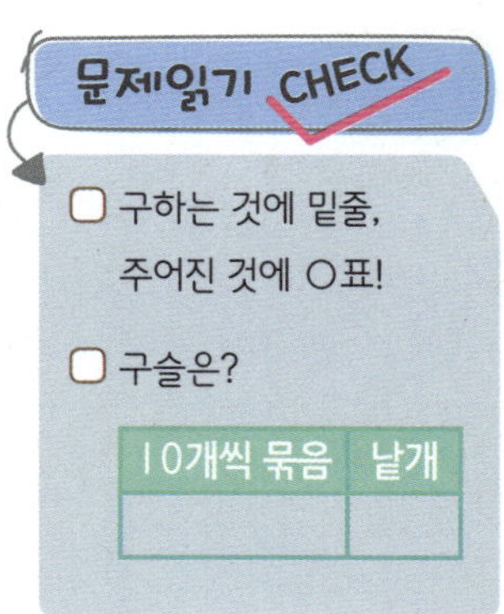

2 구슬을 10개씩 실에 꿰어 팔찌를 5개 만들려고 합니다. 구슬이 몇 개 필요할까요?

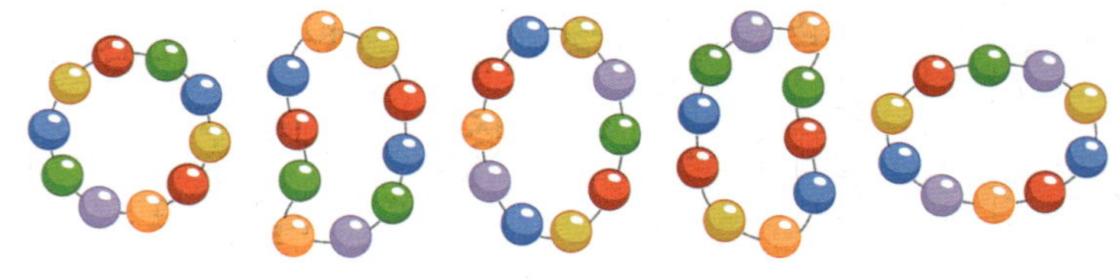

풀이

답 ....

3 민준이는 장미 31송이를 한 꽃병에 10송이씩 꽂으려고 합니다. 10송이씩 꽂은 꽃병은 몇 개가 되고 몇 송이가 남을까요?

 **풀이** 31은 10개씩 묶음 .... 개와 낱개 .... 개입니다.

따라서 장미를 꽂은 꽃병은 .... 개가 되고

.... 송이가 남습니다.

답 .... , ...

 **도전!**

4 동전 42개가 있습니다. 동전을 10개씩 묶어 종이돈으로 바꾸고, 바꿀 수 없는 동전은 저금통에 넣으려고 합니다. 종이돈은 몇 장이 되고 저금통에 넣는 동전은 몇 개일까요?
(단, 동전 10개는 종이돈 1장으로 바꿀 수 있습니다.)

풀이 ❶ 동전의 수를 10개씩 묶음과 낱개로 나타내세요.

❷ 종이돈은 몇 장이 되는지 구하세요.

❸ 저금통에 넣는 동전은 몇 개인지 구하세요.

답 .... , ...

모으기와 가르기

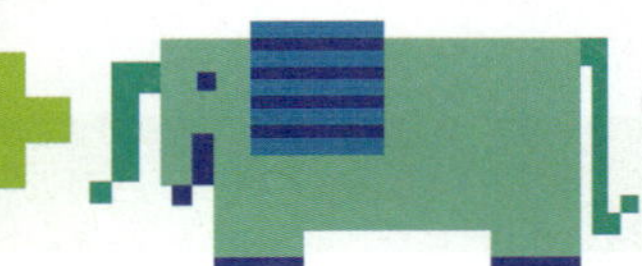

1

바둑판 위에 검은색 바둑돌 7개와 흰색 바둑돌 4개가 놓여 있습니다.
검은색 바둑돌과 흰색 바둑돌을 모으면 몇 개일까요?

문제읽고

❶ 무엇을 구하는 문제인가요? 구하는 것에 밑줄 치세요.
❷ 주어진 것은 무엇인가요? ○표 하고 답하세요.

검은색 바둑돌 .... 개, 흰색 바둑돌 .... 개

풀이쓰고

❸ 바둑돌의 수 7과 4를 모으기 하세요.

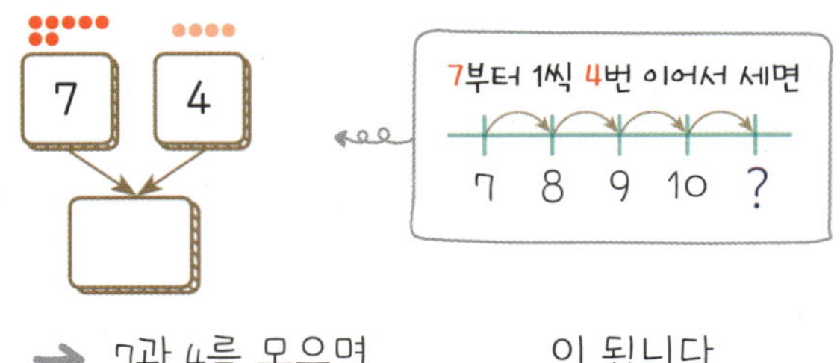

→ 7과 4를 모으면 .... 이 됩니다.

❹ 답을 쓰세요. 검은색 바둑돌과 흰색 바둑돌을 모으면 .... 입니다.

2

인형 가게에 호랑이 인형 9개와 곰 인형 3개가 있습니다.
호랑이 인형과 곰 인형을 모으면 몇 개일까요?

문제읽고

❶ 무엇을 구하는 문제인가요? 구하는 것에 밑줄 치세요.
❷ 주어진 것은 무엇인가요? ○표 하고 답하세요.

호랑이 인형 .... 개, 곰 인형 .... 개

풀이쓰고

❸ 인형의 수 9와 3을 모으기 하세요.

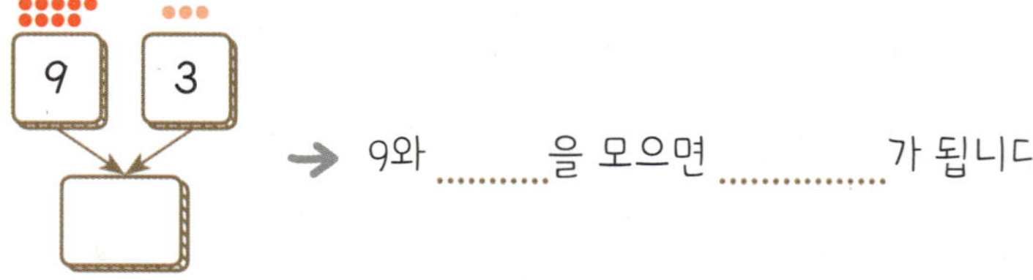

→ 9와 .... 을 모으면 .... 가 됩니다.

❹ 답을 쓰세요. 호랑이 인형과 곰 인형을 모으면 .... 입니다.

3

피망 ⑮개 중에서 ⑥개는 빨간색이고 나머지는 모두 초록색입니다.
초록색 피망은 몇 개일까요?

문제읽고

❶ 무엇을 구하는 문제인가요? 구하는 것에 밑줄 치세요.
❷ 주어진 것은 무엇인가요? ○표 하고 답하세요.

전체 피망 ....개, 빨간색 피망 ....개

풀이쓰고

❸ 피망의 수 15를 6과 어떤 수로 가르기 하세요.

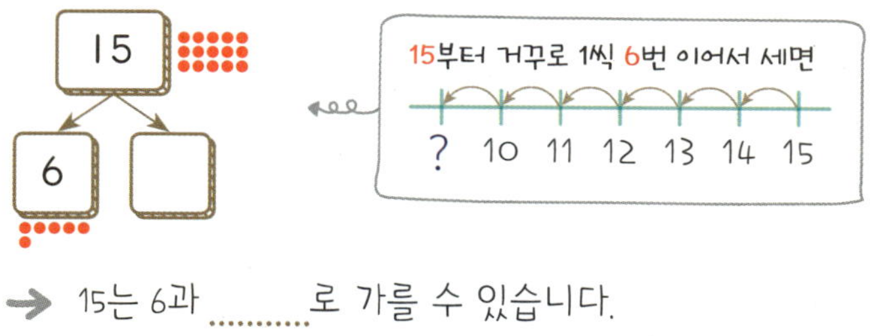

→ 15는 6과 ....로 가를 수 있습니다.

❹ 답을 쓰세요.   초록색 피망은 ....입니다.

4

은지는 색종이 14장을 선우와 똑같이 나누어 가지려고 합니다.
은지와 선우는 색종이를 각각 몇 장씩 가져야 할까요?

문제읽고

❶ 구하는 것에 밑줄 치고, 주어진 것에 ○표 하세요.
❷ 1부터 14까지 번갈아가며 세어 보세요.

풀이쓰고

❸ 색종이의 수 14를 똑같은 두 수로 가르기 하세요.

→ 14는 7과 ....로 가를 수 있습니다.

❹ 답을 쓰세요.   색종이를 각각 ....씩 가져야 합니다.

1 동물 병원에 강아지 8마리와 고양이 5마리가 있습니다. 강아지와 고양이를 모으면 몇 마리일까요?

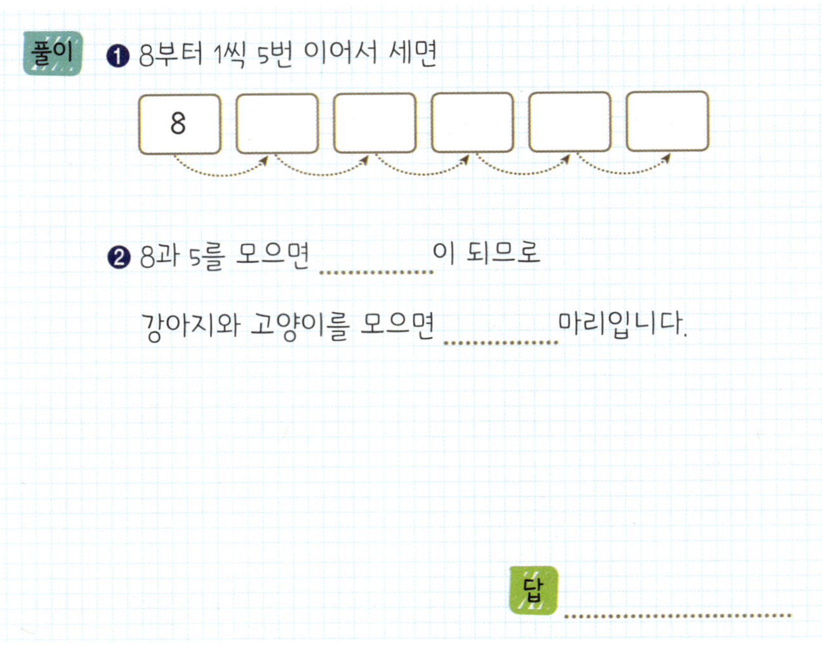

문제읽기 CHECK
□ 구하는 것에 밑줄, 주어진 것에 ○표!
□ 강아지는? ＿＿＿ 마리
□ 고양이는? ＿＿＿ 마리

2 금색 단추 6개와 은색 단추 6개를 모아 통에 넣었습니다. 통에 넣은 단추는 몇 개일까요?

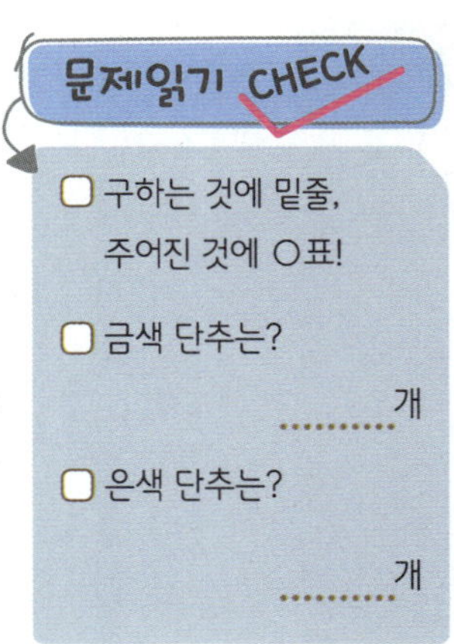

풀이
❶ 6부터 1씩 6번 이어서 세어 보세요.

6	7	8				

❷ 통에 넣은 단추는 몇 개인지 구하세요.

문제읽기 CHECK
□ 구하는 것에 밑줄, 주어진 것에 ○표!
□ 금색 단추는? ＿＿＿ 개
□ 은색 단추는? ＿＿＿ 개

답

3 화단에 핀 나팔꽃 16송이 중에서 6송이가 시들었습니다. 화단에 시들지 않고 남아 있는 나팔꽃은 몇 송이일까요?

풀이 ❶ 16부터 거꾸로 1씩 6번 이어서 세어 보세요.

| 16 | 15 | 14 | | | | |

❷ 화단에 시들지 않고 남아 있는 나팔꽃은 몇 송이인지 구하세요.

답 ....

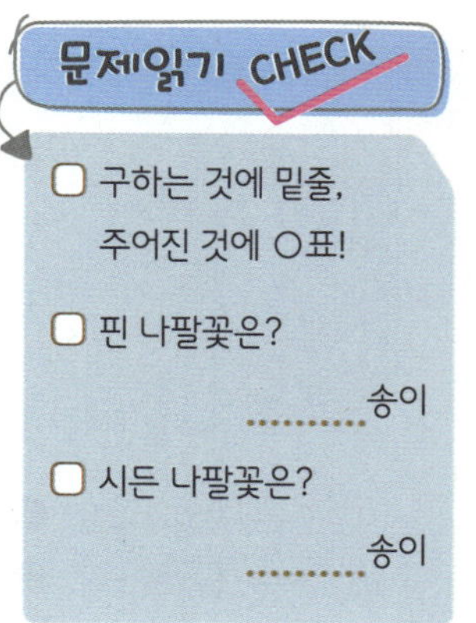

4 민석이는 곶감 13개를 동생과 나누어 먹으려고 합니다. 민석이가 동생보다 곶감을 1개 더 많이 먹으려면 민석이와 동생은 곶감을 각각 몇 개 먹어야 할까요?

풀이 ❶ 곶감 13개를 민석이가 동생보다 1개 더 많이 가지도록 나누어 보세요. (곶감을 ○로 나타내세요.)

❷ 민석이와 동생은 곶감을 각각 몇 개 먹어야 하는지 구하세요.

답 민석 : .... , 동생 : ....

수의 순서

1

줄넘기를 경호는 23번 넘었고,
하진이는 경호보다 1번 더 많이 넘었습니다.
하진이는 줄넘기를 몇 번 넘었을까요?

문제읽고

❶ 무엇을 구하는 문제인가요? 구하는 것에 밑줄 치세요.
❷ 주어진 것은 무엇인가요? ○표 하고 답하세요.

　경호 : ＿＿＿＿＿ 번, 하진 : 경호보다 ＿＿＿＿ 번 더 많이 넘었습니다.

풀이쓰고

❸ 23보다 1 큰 수를 구하세요.

→ 23보다 1 큰 수는 ＿＿＿＿＿ 입니다.

❹ 답을 쓰세요.

　하진이는 줄넘기를 ＿＿＿＿＿＿＿＿＿＿ 넘었습니다.

2

고모는 서른다섯 살이고, 삼촌은 고모보다 1살 더 적습니다.
삼촌의 나이는 몇 살일까요?

문제읽고

❶ 무엇을 구하는 문제인가요? 구하는 것에 밑줄 치세요.
❷ 주어진 것은 무엇인가요? ○표 하고 답하세요.

　고모 : ＿＿＿＿＿ 살, 삼촌 : 고모보다 ＿＿＿＿ 살 더 적습니다.

수로 쓰기

풀이쓰고

❸ 35보다 1 작은 수를 구하세요.

→ 35보다 1 작은 수는 ＿＿＿＿＿ 입니다.

❹ 답을 쓰세요.

　삼촌의 나이는 ＿＿＿＿＿＿＿＿＿＿ 입니다.

3

방학 동안에 책을 강우는 39권 읽었고, 수지는 41권 읽었습니다.
현호는 강우와 수지가 읽은 책의 수 사이에 있는 수만큼 읽었습니다.
현호가 읽은 책은 몇 권일까요?

문제읽고

❶ 구하는 것에 밑줄 치고, 주어진 것에 ○표 하세요.
❷ 강우와 수지는 책을 몇 권 읽었나요?

강우 .... 권, 수지 .... 권

풀이쓰고

❸ 39와 41 사이에 있는 수를 구하세요.

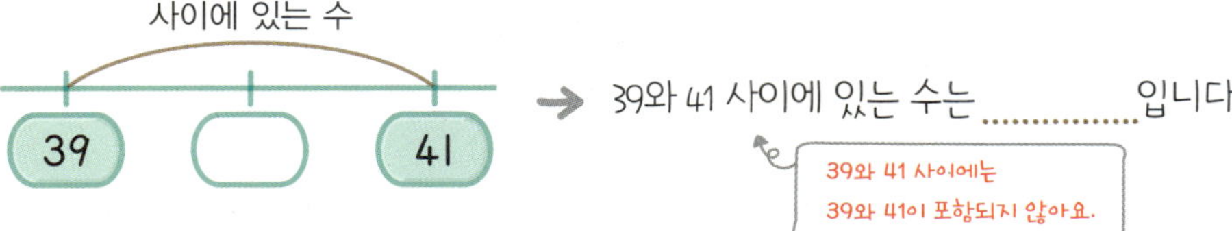

❹ 답을 쓰세요.

현호가 읽은 책은 .... 입니다.

4

진경이네 반 학생들이 번호 순서대로 줄을 섰습니다.
15번과 19번 사이에 서 있는 학생은 모두 몇 명일까요?

문제읽고

❶ 무엇을 구하는 문제인가요? 구하는 것에 밑줄 치고, 알맞은 것에 ○표 하세요.

15와 19 (**사이에 있는 수** , **사이에 있는 수의 개수**)를 구합니다.

풀이쓰고

❷ 15와 19 사이에 있는 수의 개수를 구하세요.

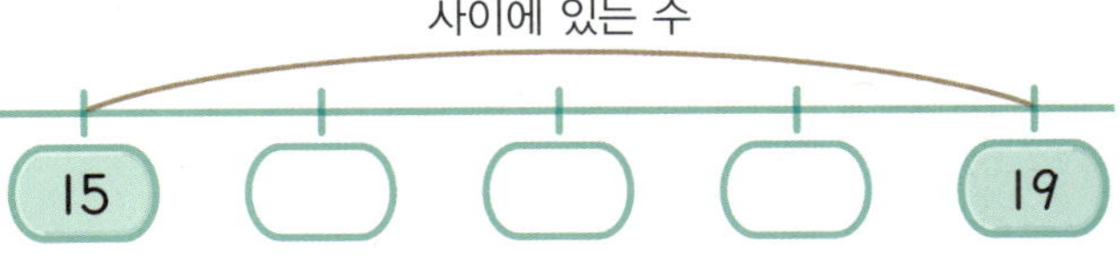

→ 15와 19 사이에 있는 수는 ...., ..., ... 로 모두 .... 개입니다.

❸ 답을 쓰세요.

15번과 19번 사이에 서 있는 학생은 모두 .... 입니다.

1 두진이와 서희가 은행에서 대기 번호표를 뽑았습니다. 두진이는 27번을 뽑았고, 서희는 두진이보다 1 작은 수의 번호표를 뽑았습니다. 서희가 뽑은 번호표는 몇 번일까요?

풀이 27보다 1 작은 수는 .... 이므로

서희가 뽑은 번호표는 .... 번입니다.

답 ....

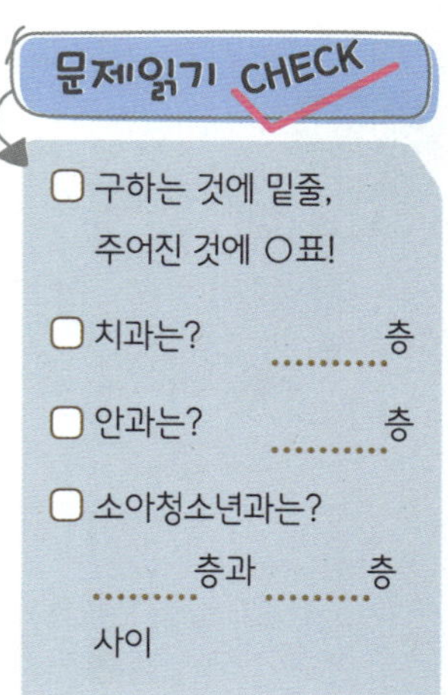

2 병원 안내도를 살펴보니 11층에 치과가 있고, 13층에 안과가 있습니다. 소아청소년과가 치과와 안과 사이에 있다면 소아청소년과는 몇 층에 있을까요?

풀이

답 ....

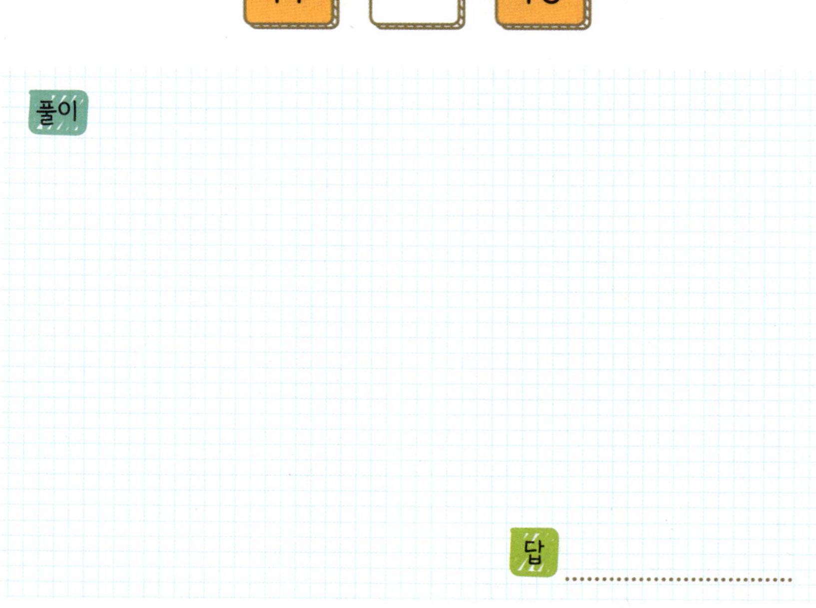

3 규민이가 과학자 전집을 번호 순서대로 정리하고 있습니다.
49번 책은 몇 번과 몇 번 사이에 꽂아야 할까요?

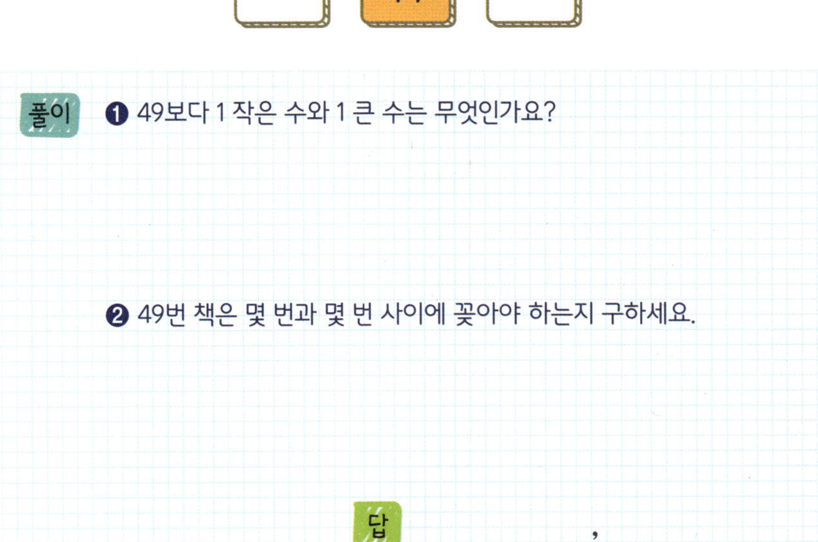

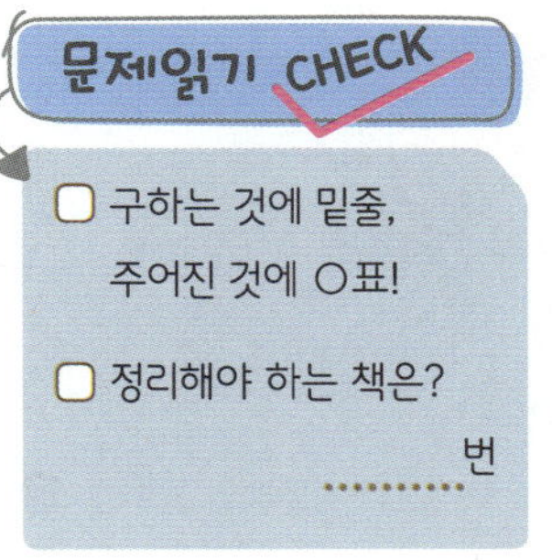

풀이

❶ 49보다 1 작은 수와 1 큰 수는 무엇인가요?

❷ 49번 책은 몇 번과 몇 번 사이에 꽂아야 하는지 구하세요.

답 ,

4 32와 38 사이에 있는 수는 모두 몇 개일까요?

풀이

❶ 32와 38 사이에 있는 수를 모두 쓰세요.

❷ 32와 38 사이에 있는 수는 모두 몇 개인지 구하세요.

답

수의 크기 비교

1

연필을 현중이는 ㉗자루, 미성이는 ㉞자루 가지고 있습니다.
누가 연필을 더 많이 가지고 있을까요?

문제읽고

❶ 무엇을 구하는 문제인가요? 구하는 것에 밑줄 치세요.
❷ 주어진 것은 무엇인가요? ○표 하고 답하세요.

현중이의 연필 .... 자루, 미성이의 연필 .... 자루

풀이쓰고

❸ 연필의 수 27과 34의 크기를 비교하세요.

현중 : **27** – 10개씩 묶음이 .... 개

미성 : **34** – 10개씩 묶음이 .... 개

→ 10개씩 묶음이 더 많은 .... 가 .... 보다 큽니다.

❹ 답을 쓰세요.

.... 이가 연필을 더 많이 가지고 있습니다.

2

색종이를 민주는 45장, 윤후는 42장 가지고 있습니다.
누가 색종이를 더 많이 가지고 있을까요?

문제읽고

❶ 무엇을 구하는 문제인가요? 구하는 것에 밑줄 치세요.
❷ 주어진 것은 무엇인가요? ○표 하고 답하세요.

민주의 색종이 .... 장, 윤후의 색종이 .... 장

풀이쓰고

❸ 색종이의 수 45와 42의 크기를 비교하세요.

10개씩 묶음이 같으므로 낱개의 수가 더 큰 .... 가 .... 보다 큽니다.

❹ 답을 쓰세요.

.... 가 색종이를 더 많이 가지고 있습니다.

3

장난감 가게에 로봇이 41 개, 인형이 서른여덟 개 진열되어 있습니다.
더 적게 진열되어 있는 장난감은 무엇일까요?

문제읽고

❶ 무엇을 구하는 문제인가요? 구하는 것에 밑줄 치세요.

❷ 주어진 것은 무엇인가요? ◯표 하고 답하세요.

　로봇 .... 개, 인형 .... 개

풀이쓰고

❸ 인형의 수를 숫자로 나타내세요.

　서른여덟을 숫자로 나타내면 ....입니다.

❹ 장난감의 수 41과 38의 크기를 비교하세요.

　10개씩 묶음이 더 적은 .... 이 .... 보다 작습니다.

❺ 답을 쓰세요.

　더 적게 진열되어 있는 장난감은 ....입니다.

4

크림빵을 21개, 단팥빵을 37개, 식빵을 26개 만들었습니다.
가장 적게 만든 빵은 무엇일까요?

문제읽고

❶ 무엇을 구하는 문제인가요? 구하는 것에 밑줄 치세요.

❷ 주어진 것은 무엇인가요? ◯표 하고 답하세요.

　크림빵 .... 개, 단팥빵 .... 개, 식빵 .... 개

풀이쓰고

❸ 빵의 수 21, 37, 26의 크기를 비교하세요.

　21과 37 중에서 (**21** , **37**)이 더 작고,

　21과 26 중에서 (**21** , **26**)이 더 작으므로

　가장 작은 수는 (**21** , **37** , **26**)입니다.

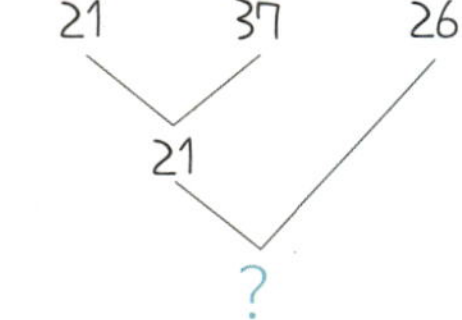

❹ 답을 쓰세요.

　가장 적게 만든 빵은 ....입니다.

1 동화책을 아윤이는 29쪽, 소은이는 14쪽 읽었습니다. 누가 동화책을 더 많이 읽었을까요?

> **풀이** 29가 14보다 (**큽니다** , **작습니다**).
>
> 따라서 동화책을 더 많이 읽은 사람은 (**아윤** , **소은**)입니다.

답 ....

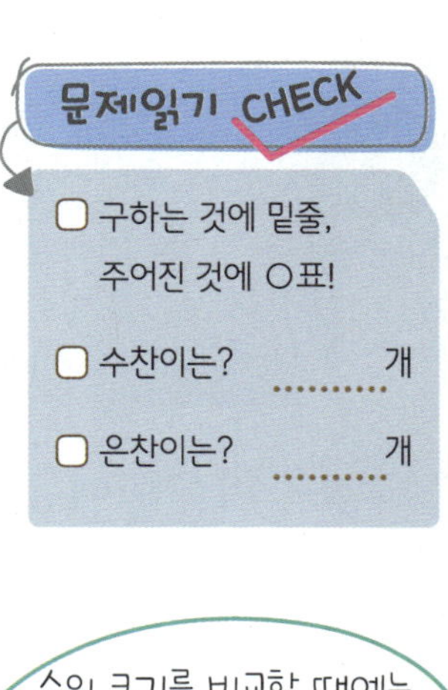

2 500원짜리 동전을 수찬이는 35개 모았고, 은찬이는 37개 모았습니다. 누가 500원짜리 동전을 더 적게 모았을까요?

> **풀이**

답 ....

3 빈 병을 모아 노란색 바구니에는 39개, 파란색 바구니에는 47개, 초록색 바구니에는 49개 담았습니다. 빈 병을 가장 많이 담은 바구니는 어느 것일까요?

풀이

답 ....

4 재하의 이모는 마흔두 살, 어머니는 36살이고, 외삼촌은 어머니보다 1살 더 많습니다. 이모, 어머니, 외삼촌을 나이가 적은 사람부터 차례로 쓰세요.

풀이　❶ 이모와 외삼촌의 나이를 숫자로 나타내세요.

이모 : 마흔둘 ➡ ....

외삼촌 : 36보다 1 큰 수 ➡ ....

❷ 나이가 적은 사람부터 차례로 쓰세요.

답 ....

문장제 서술형 평가

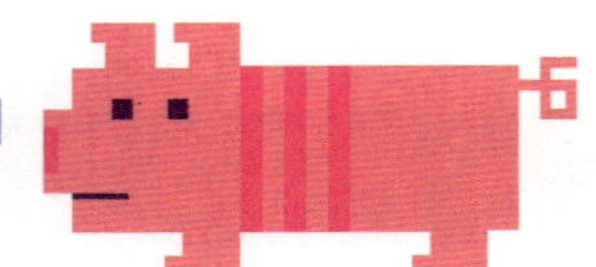

1 귤을 한 봉지에 10개씩 넣었더니 2봉지가 되고 3개가 남았습니다. 귤은 모두 몇 개일까요? **(5점)**

2 초콜릿 46개를 한 상자에 10개씩 담아 팔려고 합니다. 상자에 담아 팔 수 있는 초콜릿은 몇 상자일까요? **(5점)**

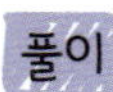

3 태우는 계단을 38칸 올라가고, 지훈이는 태우보다 1칸 더 적게 올라갔습니다. 지훈이는 계단을 몇 칸 올라갔을까요? **(5점)**

4 책꽂이에 동화책이 16권, 위인전이 21권 꽂혀 있습니다. 어느 책이 더
적게 꽂혀 있을까요? **(5점)**

풀이

답 ....

5 장난감 블록이 통 안에 담겨 있습니다. 노란색 블록은 42개, 파란색 블록
은 29개, 흰색 블록은 47개 있습니다. 통 안에 가장 많이 담겨 있는 블록
은 무엇일까요? **(6점)**

풀이

답 ....

6 18과 24 사이에 있는 수는 모두 몇 개일까요? **(6점)**

풀이

답 ....

7 효주는 새로 산 연필을 10자루씩 묶었더니 3묶음이 되고, 남은 연필을 묶으려고 했더니 10자루에서 3자루가 모자랐습니다. 새로 산 연필은 몇 자루일까요? **(7점)**

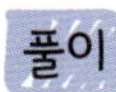

답 ....

8 현정이는 구슬 12개를 동생과 나누어 가지려고 합니다. 동생이 현정이보다 구슬을 2개 더 많이 가지려면 현정이와 동생은 구슬을 각각 몇 개 가져야 할까요? **(8점)**

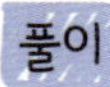

답 현정 : ＿＿＿＿＿＿ , 동생 : ＿＿＿＿＿＿

쌍둥이 형제를 찾아 주세요

똑같이 생긴 악어를 찾아 ○표 해 주세요.

악어 신사들의 패션쇼가 열렸어요!
그런데 이 중에 쌍둥이 형제가 있대요.
똑같은 표정, 똑같은 동작을 하고 있는 쌍둥이 악어 형제를 찾아 주세요.

메모

1권 끝!
2권에서 만나요

기적의 수학 문장제

정답 풀이

초등 1학년

1권

길벗스쿨

차례

정답과 풀이

1. 9까지의 수

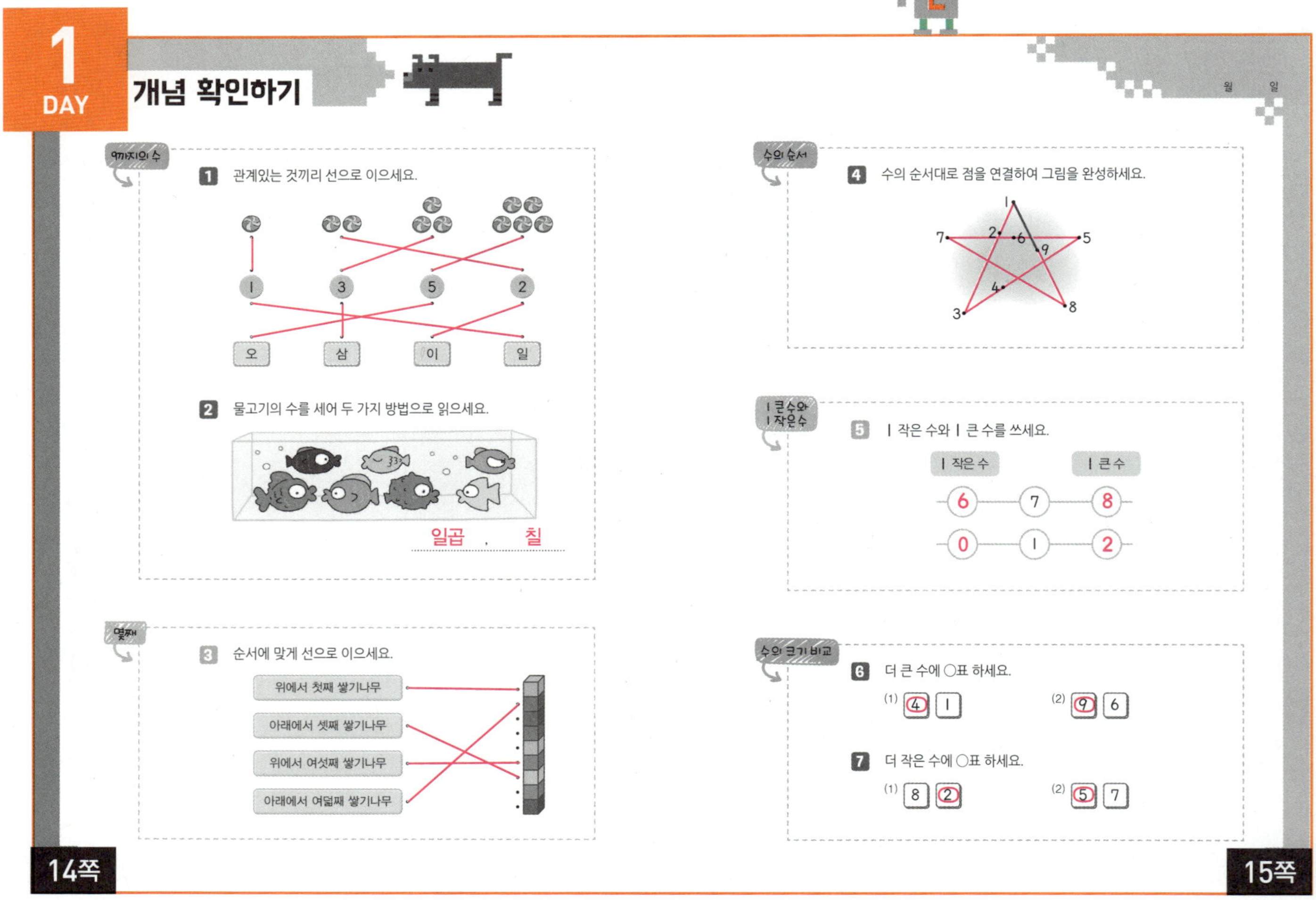

1 DAY 개념 확인하기

월   일

9까지의 수

1 관계있는 것끼리 선으로 이으세요.

```
[1]   [3]   [5]   [2]
[오]  [삼]  [이]  [일]
```

2 물고기의 수를 세어 두 가지 방법으로 읽으세요.

일곱 , 칠

몇째

3 순서에 맞게 선으로 이으세요.

- 위에서 첫째 쌓기나무
- 아래에서 셋째 쌓기나무
- 위에서 여섯째 쌓기나무
- 아래에서 여덟째 쌓기나무

수의 순서

4 수의 순서대로 점을 연결하여 그림을 완성하세요.

1 큰 수와 1 작은 수

5 1 작은 수와 1 큰 수를 쓰세요.

1 작은 수		1 큰 수
6	7	8
0	1	2

수의 크기 비교

6 더 큰 수에 ○표 하세요.

(1) ④ 1   (2) ⑨ 6

7 더 작은 수에 ○표 하세요.

(1) 8 ②   (2) ⑤ 7

14쪽

15쪽

몇째

1

왼쪽에서 셋째에 서 있는 어린이는 누구일까요?

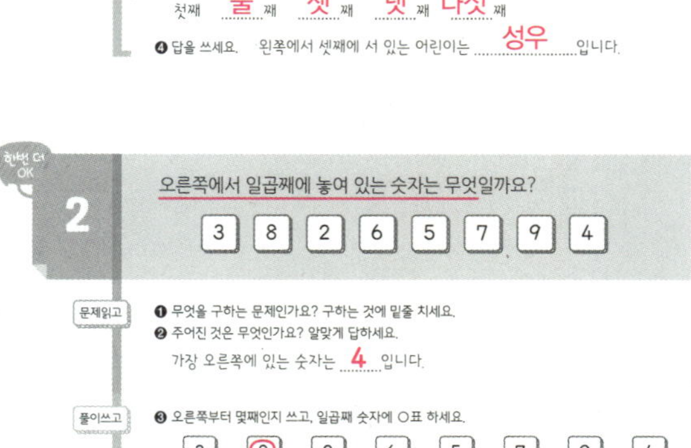

보라 영은 성우 정서 지운

문제읽고
❶ 무엇을 구하는 문제인가요? 구하는 것에 밑줄 치세요.
❷ 주어진 것은 무엇인가요? 알맞은 것에 ○표 하세요.
　가장 왼쪽에 서 있는 어린이는 ((보라), 지운)입니다.

풀이쓰고
❸ 왼쪽부터 몇째인지 쓰고, 셋째 어린이에 ○표 하세요.
　보라 영은 (성우) 정서 지운
　첫째 둘째 셋째 넷째 다섯째
❹ 답을 쓰세요. 왼쪽에서 셋째에 서 있는 어린이는 __성우__ 입니다.

3

포도는 오른쪽에서 몇째에 놓여 있나요?

사과 귤 포도 배 수박 복숭아 참외

문제읽고
❶ 무엇을 구하는 문제인가요? 구하는 것에 밑줄 치세요.
❷ 위의 그림에서 포도를 찾아 ○표 하세요.

풀이쓰고
❸ 오른쪽부터 포도까지 몇째인지 쓰세요.
　사과 귤 포도 배 수박 복숭아 참외
　　째 다섯째 넷째 셋째 둘째 첫째
❹ 답을 쓰세요. 포도는 오른쪽에서 __다섯째__ 에 놓여 있습니다.

2

오른쪽에서 일곱째에 놓여 있는 숫자는 무엇일까요?

3 8 2 6 5 7 9 4

문제읽고
❶ 무엇을 구하는 문제인가요? 구하는 것에 밑줄 치세요.
❷ 주어진 것은 무엇인가요? 알맞게 답하세요.
　가장 오른쪽에 있는 숫자는 __4__ 입니다.

풀이쓰고
❸ 오른쪽부터 몇째인지 쓰고, 일곱째 숫자에 ○표 하세요.
　3 (8) 2 6 5 7 9 4
　여덟째 일곱째 여섯째 다섯째 넷째 셋째 둘째 첫째
❹ 답을 쓰세요. 오른쪽에서 일곱째에 놓여 있는 숫자는 __8__ 입니다.

4

종현이는 뒤에서 넷째 칸에 타고 있습니다. 종현이는 앞에서 몇째 칸에 타고 있을까요?

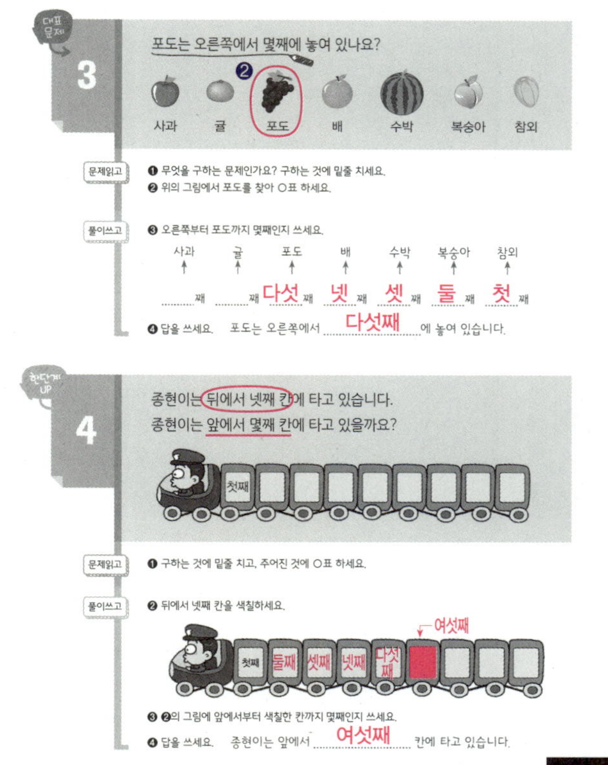

문제읽고
❶ 구하는 것에 밑줄 치고, 주어진 것에 ○표 하세요.

풀이쓰고
❷ 뒤에서 넷째 칸을 색칠하세요.

❸ ❷의 그림에 앞에서부터 색칠한 칸까지 몇째인지 쓰세요.
❹ 답을 쓰세요. 종현이는 앞에서 __여섯째__ 칸에 타고 있습니다.

문장제 실력쌓기 1

1

왼쪽에서 둘째에 있는 동물은 무엇일까요?

사자 코끼리 고양이 원숭이 돼지

문제읽기 CHECK
☐ 구하는 것에 밑줄!
☐ 가장 왼쪽에 있는 동물은? __사자__

풀이
❶ 왼쪽부터 몇째인지 쓰면

첫째 둘째 셋째 넷째 다섯째

❷ 왼쪽에서 둘째에 있는 동물은 __코끼리__ 입니다.

답 코끼리

3

라면 5개가 진열대에 한 줄로 쌓여 있습니다. 위에서 넷째에 있는 라면은 아래에서 몇째일까요?

문제읽기 CHECK
☐ 구하는 것에 밑줄.
　주어진 것에 ○표!
☐ 라면은? __5__ 개

풀이
❶ 오른쪽 그림은 한 줄로 쌓여 있는 라면 5개를 나타낸 것입니다. 위에서 넷째에 있는 라면을 색칠하세요.

위
첫째
둘째
셋째
넷째 ← ② 둘째
다섯째 ← 첫째
① 아래

❷ 오른쪽 그림에 아래에서부터 색칠한 칸까지 몇째인지 쓰세요.

❸ 위에서 넷째에 있는 라면은 아래에서 몇째인지 구하세요.

위에서 넷째에 있는 라면은 아래에서 둘째입니다.

답 둘째

2

비행기는 오른쪽에서 몇째일까요?

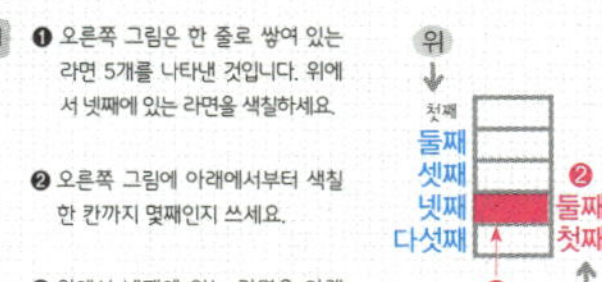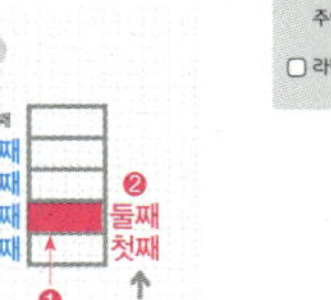

자전거 오토바이 비행기 헬리콥터 트럭 자동차 배

문제읽기 CHECK
☐ 구하는 것에 밑줄!
☐ 가장 오른쪽에 있는 것은? __배__

풀이
❶ 오른쪽부터 몇째인지 쓰세요.

일곱째 여섯째 다섯째 넷째 셋째 둘째 첫째

❷ 비행기는 오른쪽에서 몇째인지 구하세요.

비행기는 오른쪽에서 다섯째입니다.

답 다섯째

4

형우는 앞에서 셋째, 뒤에서 다섯째로 달리고 있습니다. 달리기를 하고 있는 어린이는 모두 몇 명일까요?

문제읽기 CHECK
☐ 구하는 것에 밑줄.
　주어진 것에 ○표!
☐ 형우는?
　앞에서 __셋__ 째
　뒤에서 __다섯__ 째

풀이
❶ 달리기를 하는 어린이를 앞에서부터 4명 나타낸 것입니다. 앞에서 셋째로 달리는 형우를 찾아 색칠하세요.

앞 → 첫째 둘째 셋째
○ ○ 형우 ○ ○ ○ ○ ← 뒤

❷ 형우가 뒤에서 다섯째로 달리도록 ❶의 그림에 형우 뒤에서 달리기를 하는 어린이를 ○으로 나타내세요.

❸ 달리기를 하고 있는 어린이는 모두 몇 명인지 구하세요.

형우 앞에 2명, 형우 뒤에 4명이 달리므로 형우까지 모두 7명입니다.

답 7명

1

혜주는 만두를 ③개 먹었고, 준재는 혜주보다 한 개 더 많이 먹었습니다. 준재는 만두를 몇 개 먹었을까요?

문제읽고

❶ 무엇을 구하는 문제인가요? 구하는 것에 밑줄 치세요.
❷ 주어진 것은 무엇인가요? ○표 하고 답하세요.

혜주 : __3__ 개,

준재 : 혜주보다 1개 더 (많이 , 적게) 먹었습니다.

풀이쓰고

❸ 준재가 먹은 만두를 3개보다 1개 더 많이 색칠한 다음, 색칠한 ○의 수를 쓰세요.

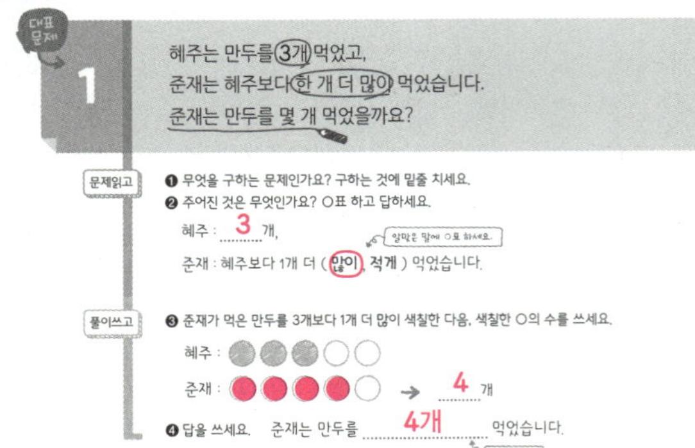

혜주
준재 → __4__ 개

❹ 답을 쓰세요. 준재는 만두를 __4개__ 먹었습니다.

2

곰 인형은 ⑤개 있고, 강아지 인형은 곰 인형보다 하나 더 적게 있습니다. 강아지 인형은 몇 개일까요?

문제읽고

❶ 무엇을 구하는 문제인가요? 구하는 것에 밑줄 치세요.
❷ 주어진 것은 무엇인가요? ○표 하고 답하세요.

곰 인형 : __5__ 개,

강아지 인형 : 곰 인형보다 1개 더 (많이 , 적게) 있습니다.

풀이쓰고

❸ 강아지 인형을 5개보다 1개 더 적게 색칠한 다음, 색칠한 ○의 수를 쓰세요.

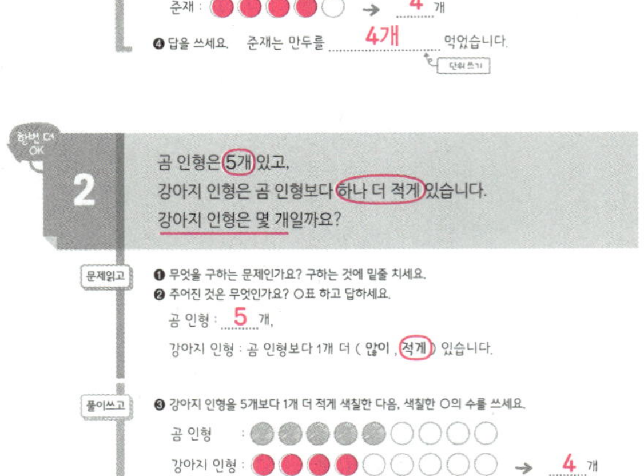

곰 인형
강아지 인형 → __4__ 개

❹ 답을 쓰세요. 강아지 인형은 __4개__ 입니다.

3

지우는 올해 ⑧살입니다. 지우의 오빠는 지우보다 한 살 더 많습니다. 오빠의 나이는 몇 살일까요?

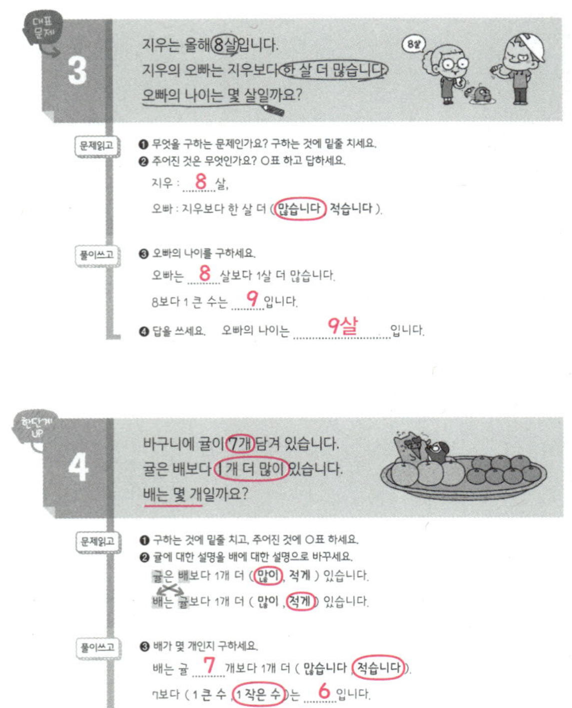

문제읽고

❶ 무엇을 구하는 문제인가요? 구하는 것에 밑줄 치세요.
❷ 주어진 것은 무엇인가요? ○표 하고 답하세요.

지우 : __8__ 살,

오빠 : 지우보다 한 살 더 (많습니다 , 적습니다).

풀이쓰고

❸ 오빠의 나이를 구하세요.

오빠는 __8__ 살보다 1살 더 많습니다.

8보다 1 큰 수는 __9__ 입니다.

❹ 답을 쓰세요. 오빠의 나이는 __9살__ 입니다.

4

바구니에 귤이 ⑦개 담겨 있습니다. 귤은 배보다 1개 더 많이 있습니다. 배는 몇 개일까요?

문제읽고

❶ 구하는 것에 밑줄 치고, 주어진 것에 ○표 하세요.
❷ 귤에 대한 설명을 배에 대한 설명으로 바꾸세요.

귤은 배보다 1개 더 (많이 , 적게) 있습니다.
배는 귤보다 1개 더 (많이 , 적게) 있습니다.

풀이쓰고

❸ 배가 몇 개인지 구하세요.

배는 귤 __7__ 개보다 1개 더 (많습니다 , 적습니다).

7보다 (1 큰 수 , 1 작은 수)는 __6__ 입니다.

❹ 답을 쓰세요. 배는 __6개__ 입니다.

1

헌재는 색종이를 ④장 가지고 있고, 기성이는 헌재보다 1장 더 많이 가지고 있습니다. 기성이가 가지고 있는 색종이는 몇 장일까요?

풀이

기성 : 4장보다 1장 더 (많습니다 , 적습니다).

4보다 (1 큰 수 , 1 작은 수)는 __5__ 이므로

기성이가 가지고 있는 색종이는 __5__ 장입니다.

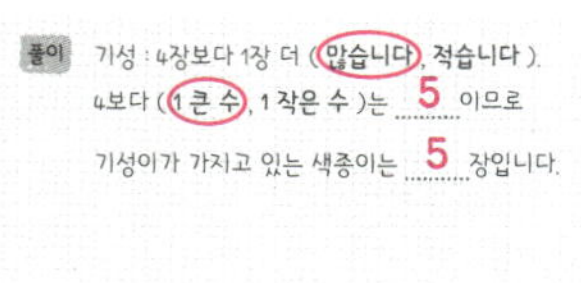

답 __5장__

2

지유는 초콜릿을 ⑨개 먹었고, 희주는 지유보다 1개 더 적게 먹었습니다. 희주가 먹은 초콜릿은 몇 개일까요?

풀이

희주 : 9개보다 1개 더 적습니다.
9보다 1 작은 수는 8이므로
희주가 먹은 초콜릿은 8개입니다.

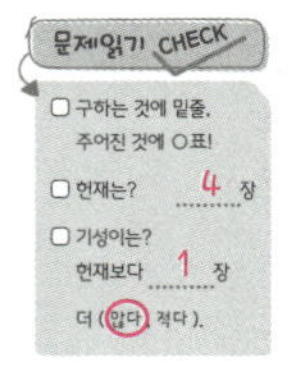

답 __8개__

3

풍선이 ⑥개 있습니다. 어린이 한 명에게 풍선을 한 개씩 나누어 주려고 했더니 풍선이 한 개 모자랐습니다. 어린이는 몇 명일까요?

풀이

❶ 풍선에 대한 설명을 어린이에 대한 설명으로 바꾸세요.

풍선이 1개 모자랐습니다.
↓
어린이가 1명 (남습니다 , 모자랍니다).

❷ 어린이는 몇 명인지 구하세요.

어린이 : 6명보다 1명 더 많습니다.
6보다 1 큰 수는 7이므로 어린이는 7명입니다.

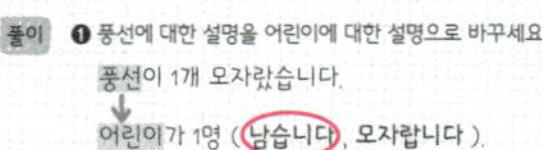

답 __7명__

4

강아지와 토끼가 멀리뛰기를 했습니다. 강아지는 출발선에서 ⑧칸을 뛰었는데, 토끼보다 오른쪽으로 한 칸 더 많이 뛰었습니다. 토끼는 출발선에서 몇 칸 뛰었을까요?

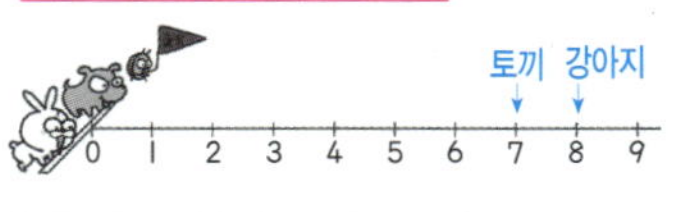

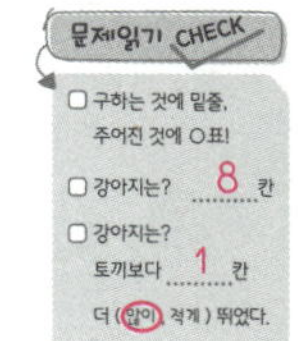

풀이

❶ 강아지에 대한 설명을 토끼에 대한 설명으로 바꾸세요.

강아지는 토끼보다 1칸 더 많이 뛰었습니다.
↓
토끼는 강아지보다 1칸 더 (많이 , 적게) 뛰었습니다.

❷ 토끼는 출발선에서 몇 칸 뛰었는지 구하세요.

토끼 : 8칸보다 1칸 더 적게 뛰었습니다.
8보다 1 작은 수는 7이므로 토끼는 출발선에서
7칸 뛰었습니다.   답 __7칸__

4 DAY 수의 크기 비교

1

사탕을 성준이는 5개, 지희는 3개 먹었습니다.
사탕을 더 많이 먹은 사람은 누구일까요?

[문제읽고]
❶ 구하는 것에 밑줄 치고, 주어진 것에 ○표 하세요.
❷ 성준이와 지희가 먹은 사탕은 몇 개인가요?
  성준 **5** 개, 지희 **3** 개

[풀이쓰고]
❸ 사탕을 하나씩 짝지어 보고, 5와 3의 크기를 비교하세요.

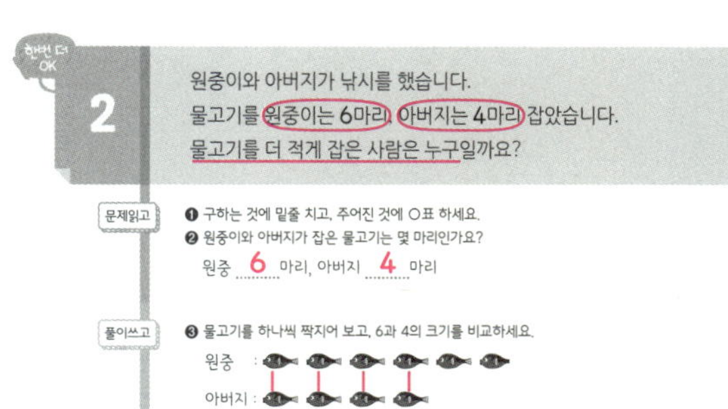

  성준 :
  지희 :
  → **5** 는 **3** 보다 큽니다.

❹ 답을 쓰세요.   사탕을 더 많이 먹은 사람은 **성준** 입니다.

2

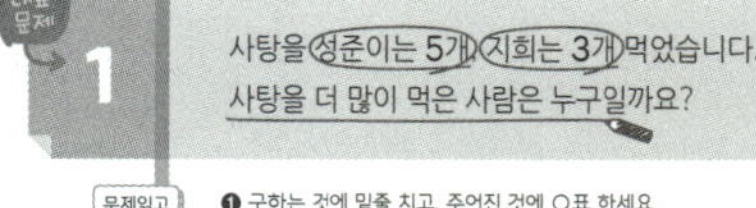

원중이와 아버지가 낚시를 했습니다.
물고기를 원중이는 6마리, 아버지는 4마리 잡았습니다.
물고기를 더 적게 잡은 사람은 누구일까요?

[문제읽고]
❶ 구하는 것에 밑줄 치고, 주어진 것에 ○표 하세요.
❷ 원중이와 아버지가 잡은 물고기는 몇 마리인가요?
  원중 **6** 마리, 아버지 **4** 마리

[풀이쓰고]
❸ 물고기를 하나씩 짝지어 보고, 6과 4의 크기를 비교하세요.

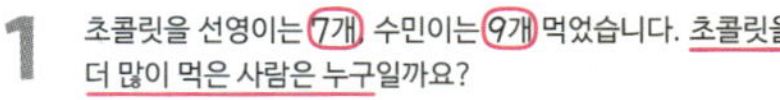
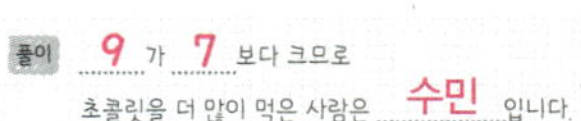

  원중 :
  아버지 :
  → **4** 는 **6** 보다 작습니다.

❹ 답을 쓰세요.   물고기를 더 적게 잡은 사람은 **아버지** 입니다.

3

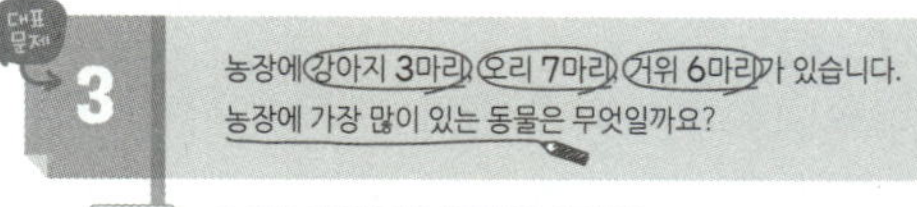

농장에 강아지 3마리, 오리 7마리, 거위 6마리가 있습니다.
농장에 가장 많이 있는 동물은 무엇일까요?

[문제읽고]
❶ 구하는 것에 밑줄 치고, 주어진 것에 ○표 하세요.
❷ 농장에 강아지, 오리, 거위가 몇 마리 있나요?
  강아지 **3** 마리, 오리 **7** 마리, 거위 **6** 마리

[풀이쓰고]
❸ 동물 수만큼 ○를 그리고, 3, 7, 6 중 가장 큰 수를 구하세요.

강아지	3	○ ○ ○						
오리	7	○ ○ ○ ○ ○ ○ ○					
거위	6	○ ○ ○ ○ ○ ○					

  → 가장 큰 수는 **7** 입니다.

❹ 답을 쓰세요.   농장에 가장 많이 있는 동물은 **오리** 입니다.

4

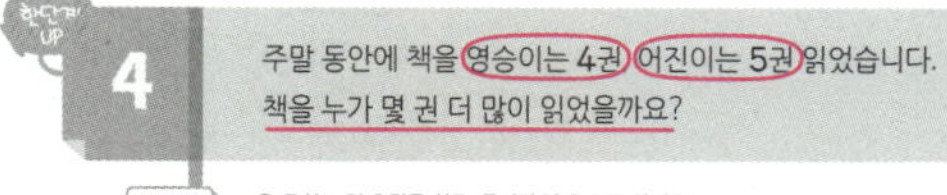

주말 동안에 책을 영승이는 4권, 어진이는 5권 읽었습니다.
책을 누가 몇 권 더 많이 읽었을까요?

[문제읽고]
❶ 구하는 것에 밑줄 치고, 주어진 것에 ○표 하세요.
❷ 영승이와 어진이는 책을 몇 권 읽었나요?
  영승 **4** 권, 어진 **5** 권

[풀이쓰고]
❸ 읽은 책의 수만큼 ○를 그리고, 4와 5의 크기를 비교하세요.

| 영승 | 4 | ○ ○ ○ ○ | | |
| 어진 | 5 | ○ ○ ○ ○ ○ | | |

  → **5** 는 **4** 보다 **1** 큽니다.

❹ 답을 쓰세요.
  어진 이가 **1권** 더 많이 읽었습니다.

문장제 실력쌓기 3

1
초콜릿을 선영이는 7개, 수민이는 9개 먹었습니다. 초콜릿을 더 많이 먹은 사람은 누구일까요?

  [풀이] **9** 가 **7** 보다 크므로
  초콜릿을 더 많이 먹은 사람은 **수민** 입니다.

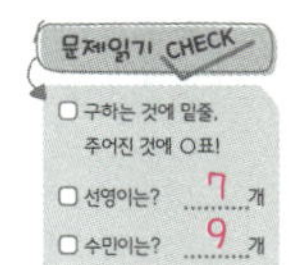

  [답] **수민**

2
연필이 연주의 필통에는 8자루 들어 있고, 준서의 필통에는 3자루 들어 있습니다. 연필을 더 적게 가지고 있는 사람은 누구일까요?

  [풀이] 3이 8보다 작으므로
  연필을 더 적게 가지고 있는 사람은 준서입니다.

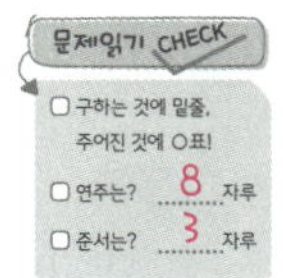

  [답] **준서**

3
구슬을 철웅이는 9개, 명수는 5개, 용준이는 8개 가지고 있습니다. 구슬을 가장 많이 가지고 있는 사람은 누구일까요?

  [풀이] 9, 5, 8 중에서 가장 큰 수는 9이므로 구슬을 가장 많이 가지고 있는 사람은 철웅입니다.

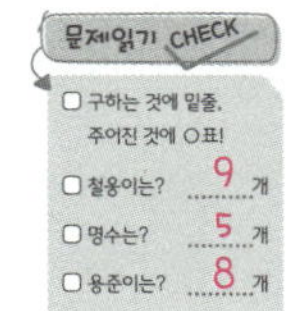

  [답] **철웅**

4
꽃을 한진이는 6송이 가지고 있고, 은수는 5송이 가지고 있습니다. 누가 꽃을 몇 송이 더 적게 가지고 있을까요?

  [풀이] ❶ 꽃의 수만큼 ○를 그려서 6과 5의 크기를 비교하세요.
  한진 : ○ ○ ○ ○ ○ ○
  은수 : ○ ○ ○ ○ ○
  → 5는 6보다 1 작습니다.
  ❷ 누가 꽃을 몇 송이 더 적게 가지고 있는지 구하세요.
  은수가 꽃을 1송이 더 적게 가지고 있습니다.

  [답] **은수 , 1송이**

1

풀이 ❶ 왼쪽부터 몇째인지 쓰면

수연	원준	혜미	선우	정수	태우	민희	은호	하은
첫째	둘째	셋째	넷째	다섯째	여섯째	일곱째	여덟째	아홉째

❷ 따라서 왼쪽에서 넷째에 앉아 있는 어린이는 선우입니다.

답 선우

채점기준

❶ 왼쪽부터 몇째인지 쓰면	3점
❷ 왼쪽에서 넷째에 앉아 있는 어린이가 누구인지 구하면	2점
	5점

2

풀이 ❶ 기성 : 유찬이보다 1 작은 수
→ 5보다 1 작은 수는 4입니다.
❷ 따라서 기성이의 등번호는 4번입니다.

답 4번

채점기준

❶ 5보다 1 작은 수를 구하면	3점
❷ 기성이의 등번호를 구하면	2점
	5점

3

풀이 ❶ 4가 8보다 작습니다.
❷ 따라서 접시가 빵보다 더 적습니다.

답 접시

채점기준

❶ 4와 8의 크기를 비교하면	3점
❷ 어느 것이 더 적게 있는지 구하면	2점
	5점

참고 더 많은 것을 구하는지, 더 적은 것을 구하는지 확인해야 합니다.

4

풀이 ❶ 컵이 1개 남았으므로
컵이 우유보다 1개 더 많습니다.
❷ 7보다 1 큰 수는 8이므로 컵은 8개입니다.

답 8개

채점기준

❶ 컵이 우유보다 적은지 많은지 알면	3점
❷ 컵의 수를 구하면	3점
	6점

5

풀이 ❶ 수 카드의 수 중에서 가장 작은 수는 3입니다.
❷ 오른쪽부터 몇째인지 쓰면

❸ 따라서 3이 적힌 수 카드는 오른쪽에서 둘째입니다.

답 둘째

채점기준

❶ 가장 작은 수를 찾으면	2점
❷ 오른쪽부터 몇째인지 쓰면	2점
❸ 가장 작은 수가 적힌 수 카드가 오른쪽에서 몇째인지 구하면	2점
	6점

주의 순서를 오른쪽부터 생각해야 하는지, 왼쪽부터 생각해야 하는지 확인합니다.

6

풀이 ❶ 아버지 : 어머니보다 1 큰 수
6보다 1 큰 수는 7이므로 아버지는 송편을 7개 만들었습니다.
❷ 6, 4, 7 중에서 가장 큰 수는 7이므로
송편을 가장 많이 만든 사람은 아버지입니다.

답 아버지

채점기준

❶ 아버지가 만든 송편의 수를 구하면	3점
❷ 송편을 가장 많이 만든 사람을 구하면	3점
	6점

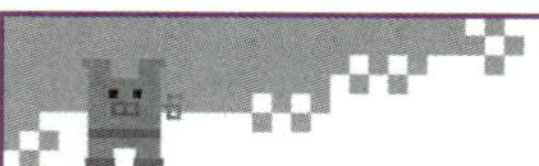

7 풀이 ❶ 도형이가 앞에서 넷째, 뒤에서 여섯째가 되도록 나타내면

앞 ➡ 첫째 둘째 셋째 넷째
○ ○ ○ ● ○ ○ ○ ○ ○
여섯째 다섯째 넷째 셋째 둘째 첫째 ⬅ 뒤

❷ 도형이가 앞에 3명, 도형이 뒤에 5명이 서 있으므로
도형이까지 모두 9명입니다.

답 **9명**

채점기준

❶ 앞에서 넷째, 뒤에서 여섯째에 있는 도형이를 나타내면	4점
❷ 버스 정류장에 서 있는 어린이의 수를 구하면	3점
	7점

8 풀이 ❶

2 5 6 3 0 8 ① 7 9
첫째 둘째 셋째 넷째 다섯째 여섯째 일곱째 여덟째 아홉째

왼쪽에서 일곱째에 있는 수는 1입니다.
❷ 1보다 1 작은 수는 0이고,
❸ 1보다 1 큰 수는 2입니다.

답 **0, 2**

채점기준

❶ 왼쪽에서 일곱째에 있는 수를 찾으면	2점
❷ 왼쪽에서 일곱째에 있는 수보다 1 작은 수를 구하면	3점
❸ 왼쪽에서 일곱째에 있는 수보다 1 큰 수를 구하면	3점
	8점

쉬어가기

엄마 토끼가 기다려요!

길을 찾아 선을 그어 주세요.

아빠 토끼가 바구니를 들고 출발선에 서 있어요.
어느 사다리로 올라가야 엄마 토끼를 만날 수 있을까요?
아빠 토끼가 엄마 토끼를 만나, 빈 바구니에 달걀을 채울 수 있도록 도와주세요!

31쪽

2. 덧셈과 뺄셈

서술형 문제의 풀이, 이렇게 쓰면 만점!
그런데 너희가 쓴 풀이와 조금 다르다고?
또, 제시된 풀이와 다른 방법으로 풀었다고?
괜찮아. 중요한 설명이 모두 맞았다면 OK!

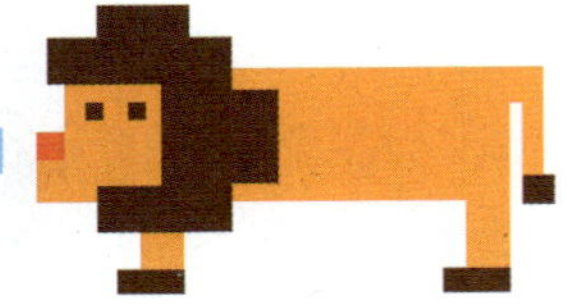

6 DAY 개념 확인하기

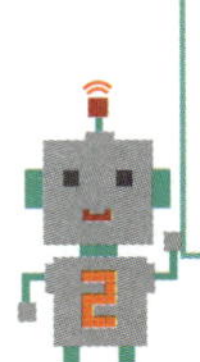

월 일

두 수를 모으기

1 모으기를 해 보세요.

2, 1 → 3　　1, 3 → 4　　3, 2 → 5　　2, 2 → 4

6, 2 → 8　　3, 3 → 6　　5, 4 → 9　　2, 5 → 7

덧셈식

2 덧셈식을 쓰고 읽어 보세요.

(1) 4+2= 6 → 4 더하기 2는 6 과 같습니다.

(2) 3+4= 7 → 3과 4의 합은 7 입니다.

(3) 6+3= 9 → 6과 3의 합은 9 입니다.

덧셈

3 덧셈을 하세요.

(1) 5+2= 7　　(2) 6+0= 6

(3) 1+3= 4　　(4) 2+4= 6

두 수로 가르기

4 가르기를 해 보세요.

2 → 1, 1　　3 → 2, 1　　4 → 1, 3　　5 → 3, 2

6 → 5, 1　　7 → 4, 3　　8 → 2, 6　　9 → 7, 2

뺄셈식

5 뺄셈식을 쓰고 읽어 보세요.

(1) 5−2= 3 → 5 빼기 2는 3 과 같습니다.

(2) 6−4= 2 → 6 빼기 4는 2 와 같습니다.

(3) 8−4= 4 → 8과 4의 차는 4 입니다.

뺄셈

6 뺄셈을 하세요.

(1) 3−1= 2　　(2) 7−4= 3

(3) 6−5= 1　　(4) 9−5= 4

34쪽　　35쪽

7 DAY 모으기와 가르기

1 구슬을 규빈이는 3개, 동생은 1개 가지고 있습니다.
두 사람이 가지고 있는 구슬을 모으면 몇 개일까요?

문제읽고
❶ 무엇을 구하는 문제인가요? 구하는 것에 밑줄 치세요.
❷ 주어진 것은 무엇인가요? ○표 하고 답하세요.
규빈이 구슬 **3** 개, 동생 구슬 **1** 개

풀이쓰고
❸ 규빈이와 동생이 가지고 있는 구슬의 수를 모으기 하세요.

규빈   동생
3 | 1
→ 4
→ 3과 1을 모으면 **4** 가 됩니다.

❹ 답을 쓰세요.
두 사람이 가지고 있는 구슬을 모으면 **4개** 입니다.

3 지호는 카네이션 9송이를 사서 어머니와 아버지께 드리려고 합니다.
어머니께 5송이를 드린다면
아버지께 드리는 카네이션은 몇 송이일까요?

문제읽고
❶ 구하는 것에 밑줄 치고, 주어진 것에 ○표 하세요.
❷ 아버지께 드리는 카네이션이 몇 송이인지 알려면 어떻게 해야 하나요?
카네이션 9송이를 **5** 와 어떤 수로 (모읍니다, **가릅니다**).

풀이쓰고
❸ 카네이션의 수 9를 5와 어떤 수로 가르기 하세요.

지호
9
5 | 4
어머니 아버지
→ 9는 5와 **4** 로 가를 수 있습니다.

❹ 답을 쓰세요. 아버지께 드리는 카네이션은 **4송이** 입니다.

2 머리핀을 헤인이는 2개, 주아는 5개 꽂고 있습니다.
두 사람이 꽂은 머리핀을 모으면 몇 개일까요?

문제읽고
❶ 무엇을 구하는 문제인가요? 구하는 것에 밑줄 치세요.
❷ 주어진 것은 무엇인가요? ○표 하고 답하세요.
헤인이 머리핀 **2** 개, 주아 머리핀 **5** 개

풀이쓰고
❸ 헤인이와 주아가 꽂은 머리핀의 수를 모으기 하세요.

헤인   주아
2 | 5
→ 7
→ 2와 5를 모으면 **7** 이 됩니다.

❹ 답을 쓰세요. 두 사람이 꽂은 머리핀을 모으면 **7개** 입니다.

4 귤 6개를 두 개의 접시에 똑같은 개수로 나누어 놓으려고 합니다.
귤을 접시 한 개에 몇 개씩 놓아야 할까요?

문제읽고
❶ 무엇을 구하는 문제인가요? 구하는 것에 밑줄 치세요.
❷ 주어진 것은 무엇인가요? ○표 하고 답하세요.
귤 **6** 개를 접시 **2** 개에 똑같은 개수로 나눕니다.

풀이쓰고
❸ 귤의 수 6을 가를 수 있는 방법을 모두 쓰세요. (단, 0은 사용하지 않습니다.)

| 6 | 6 | 6 | 6 | 6 |
| 5 1 | 4 2 | 3 3 | 2 4 | 1 5 |

❹ ❸에서 6을 똑같은 두 수로 가른 경우를 찾아 쓰세요. **3** 과 **3**
❺ 답을 쓰세요. 귤을 접시 한 개에 **3개** 씩 놓아야 합니다.

문장제 실력쌓기 1

1 주원이는 딸기 맛 사탕 4개와 멜론 맛 사탕 2개를 가지고 있습니다. 주원이가 가지고 있는 사탕을 모으면 몇 개일까요?

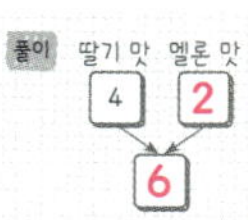

풀이
딸기 맛   멜론 맛
4 | 2
→ 6
4와 2를 모으면 **6** 이 되므로
주원이가 가지고 있는 사탕을 모으면 **6** 개입니다.

문제읽기 CHECK
☐ 구하는 것에 밑줄,
주어진 것에 ○표!
☐ 딸기 맛 사탕은? **4** 개
☐ 멜론 맛 사탕은? **2** 개

답 6개

3 동희는 5개의 떡 중에서 2개를 먹고 나머지는 동생에게 나누어 주었습니다. 동생에게 나누어 준 떡은 몇 개일까요?

풀이
5
2 | 3
먹은 것 동생

5는 2와 3으로 가를 수 있으므로
동생에게 나누어 준 떡은 3개입니다.

문제읽기 CHECK
☐ 구하는 것에 밑줄,
주어진 것에 ○표!
☐ 전체 떡은? **5** 개
☐ 동희가 먹은 떡은? **2** 개

답 3개

2 성준이는 지난주에 3권의 책을 읽었고 이번 주에는 4권의 책을 읽었습니다. 성준이가 지난주와 이번 주에 읽은 책을 모으면 몇 권일까요?

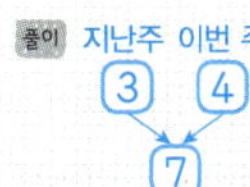

풀이
지난주 이번 주
3 | 4
→ 7

3과 4를 모으면 7이 되므로
성준이가 지난주와 이번 주에 읽은
책을 모으면 7권입니다.

문제읽기 CHECK
☐ 구하는 것에 밑줄,
주어진 것에 ○표!
☐ 지난주에 읽은 책은? **3** 권
☐ 이번 주에 읽은 책은? **4** 권

답 7권

4 연필 8자루를 두 개의 필통에 똑같이 나누어 담으려고 합니다. 연필을 필통 한 개에 몇 자루씩 담으면 될까요?

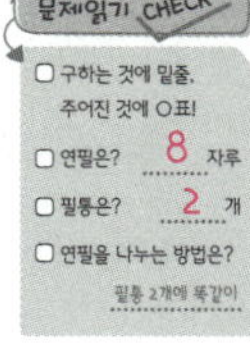

풀이
❶ 8을 가를 수 있는 방법을 모두 쓰세요. (단, 0은 사용하지 않습니다.)
8은 1과 7, 2와 6, 3과 5, 4와 4, 5와 3,
6과 2, 7과 1로 가를 수 있습니다.

❷ 연필을 필통 한 개에 몇 자루씩 담으면 되는지 구하세요.
8을 똑같은 두 수로 가른 경우는
4와 4입니다.
따라서 연필을 필통 한 개에 4자루씩
담으면 됩니다.

문제읽기 CHECK
☐ 구하는 것에 밑줄,
주어진 것에 ○표!
☐ 연필은? **8** 자루
☐ 필통은? **2** 개
☐ 연필을 나누는 방법은?

답 4자루

8 DAY 덧셈하기

1 [대표문제]

사과 2개와 배 3개를 바구니에 담았습니다.
바구니에 담은 사과와 배는 모두 몇 개일까요?

[문제읽고]

❶ 구하는 것에 밑줄 치고, 주어진 것에 ○표 하세요.
❷ 사과와 배가 모두 몇 개인지 알려면 어떻게 해야 하나요?
  사과 __2__ 개와 배 __3__ 개를 (더합니다 , 뺍니다). ← '모두 몇 개인지' 구하는 문제는 더하기 문제예요.

[풀이쓰고]

❸ 식을 쓰세요.
  (사과와 배의 수) ← 알맞은 기호에 ○표 하세요.
  = (사과의 수) ($+$, $-$) (배의 수)
  = __2__ ($+$, $-$) __3__ = __5__ (개)

❹ 답을 쓰세요.
  사과와 배는 모두 __5개__ 입니다.

2 [한번 더 OK]

한준이는 흰색 구슬 1개와 검은색 구슬 8개를 가지고 있습니다.
한준이가 가지고 있는 구슬은 모두 몇 개일까요?

[문제읽고]

❶ 구하는 것에 밑줄 치고, 주어진 것에 ○표 하세요.
❷ 한준이가 가지고 있는 구슬이 모두 몇 개인지 알려면 어떻게 해야 하나요?
  흰색 구슬 __1__ 개와 검은색 구슬 __8__ 개를 (더합니다 , 뺍니다).

[풀이쓰고]

❸ 식을 쓰세요.
  (구슬 수) = (흰색 구슬 수) ($+$, $-$) (검은색 구슬 수)
  = __1__ ($+$, $-$) __8__ = __9__ (개)

❹ 답을 쓰세요.
  한준이가 가지고 있는 구슬은 모두 __9개__ 입니다.

3 [대표문제]

연주는 장미를 6송이 가지고 있고,
재찬이는 연주보다 2송이 더 많이 가지고 있습니다.
재찬이가 가지고 있는 장미는 몇 송이일까요?

[문제읽고]

❶ 무엇을 구하는 문제인가요? 구하는 것에 밑줄 치세요.
❷ 주어진 것은 무엇인가요? ○표 하고 답하세요.
  연주는 __6__ 송이, 재찬이는 연주보다 __2__ 송이 더 많이 가지고 있습니다.

[풀이쓰고]

❸ 식을 쓰세요.
  (재찬이의 장미 수) = (연주의 장미 수) ($+$, $-$) (더 많은 장미 수)
  = __6__ ($+$, $-$) __2__ = __8__ (송이)

❹ 답을 쓰세요.
  재찬이가 가지고 있는 장미는 __8송이__ 입니다.

4 [한단계 UP]

동물원에 사슴이 3마리 있습니다.
기린은 사슴보다 3마리 더 많습니다.
동물원에 있는 사슴과 기린은 모두 몇 마리일까요?

[문제읽고]

❶ 무엇을 구하는 문제인가요? 구하는 것에 밑줄 치세요.
❷ 주어진 것은 무엇인가요? ○표 하고 답하세요.
  사슴은 __3__ 마리, 기린은 사슴보다 __3__ 마리 더 많습니다.

[풀이쓰고]

❸ 기린은 몇 마리인지 구하세요.
  (기린 수) = __3__ ($+$, $-$) __3__ = __6__ (마리)

❹ 사슴과 기린 모두 몇 마리인지 구하세요.
  (사슴과 기린 수) = (사슴 수) ($+$, $-$) (기린 수)
  = __3__ ($+$, $-$) __6__ = __9__ (마리)

❺ 답을 쓰세요. 사슴과 기린은 모두 __9마리__ 입니다.

문장제 실력쌓기 2

1 빈 주머니에 검은색 공 5개와 흰색 공 4개를 넣었습니다. 주머니에 들어 있는 공은 모두 몇 개일까요?

[풀이] (주머니에 들어 있는 공의 수)
  = (검은색 공의 수) ($+$, $-$) (흰색 공의 수)
  = __5+4__
  = __9__ (개)

문제읽기 CHECK
☐ 구하는 것에 밑줄, 주어진 것에 ○표!
☐ 검은색 공은? __5__ 개
☐ 흰색 공은? __4__ 개

답 __9개__

2 자동차가 주차장 1층에 3대, 2층에 5대 세워져 있습니다. 주차장 1층과 2층에 세워져 있는 자동차는 모두 몇 대일까요?

[풀이] (주차장에 세워져 있는 자동차 수)
  = (1층 자동차 수) + (2층 자동차 수)
  = 3+5
  = 8(대)

문제읽기 CHECK
☐ 구하는 것에 밑줄, 주어진 것에 ○표!
☐ 1층에? __3__ 대
☐ 2층에? __5__ 대

답 __8대__

3 필통 안에 연필이 4자루 들어 있고, 색연필은 연필보다 3자루 더 많이 들어 있습니다. 필통 안에 색연필은 몇 자루 들어 있을까요?

[풀이] (색연필 수)
  = (연필 수) + 3
  = 4+3
  = 7(자루)

문제읽기 CHECK
☐ 구하는 것에 밑줄, 주어진 것에 ○표!
☐ 연필은? __4__ 자루
☐ 색연필은? 연필보다 __3__ 자루 더 많다.

답 __7자루__

4 놀이터에 남자 어린이가 4명 있습니다. 여자 어린이는 남자 어린이보다 1명 더 많습니다. 놀이터에 있는 어린이는 모두 몇 명일까요?

[풀이] ❶ 여자 어린이는 몇 명인지 구하세요.
  (여자 어린이 수) = (남자 어린이 수) + 1
  = 4+1
  = 5(명)
❷ 놀이터에 있는 남자 어린이와 여자 어린이는 모두 몇 명인지 구하세요.
  (놀이터에 있는 어린이 수)
  = (남자 어린이 수) + (여자 어린이 수)
  = 4+5
  = 9(명)

문제읽기 CHECK
☐ 구하는 것에 밑줄, 주어진 것에 ○표!
☐ 남자 어린이는? __4__ 명
☐ 여자 어린이는? 남자 어린이보다 __1__ 명 더 많다.

답 __9명__

9 DAY 뺄셈하기

1

나뭇가지에 새가 9마리 앉아 있었습니다.
그중에서 4마리가 날아갔습니다.
나뭇가지에 남아 있는 새는 몇 마리일까요?

문제읽고

❶ 구하는 것에 밑줄 치고, 주어진 것에 ○표 하세요.
❷ 나뭇가지에 남아 있는 새가 몇 마리인지 알려면 어떻게 해야 하나요?
   나뭇가지에 있던 새 __9__ 마리에서 날아간 새 __4__ 마리를 (더합니다 , (뺍니다)).

풀이쓰고

❸ 식을 쓰세요.
   (남아 있는 새의 수) = (나뭇가지에 있던 새의 수) (+ (−)) (날아간 새의 수)
   = __9__ (+ (−)) __4__ = __5__ (마리)

❹ 답을 쓰세요.
   나뭇가지에 남아 있는 새는 __5마리__ 입니다.

2

바구니에 오렌지가 8개 있었습니다.
그중에서 3개를 먹었습니다.
바구니에 남은 오렌지는 몇 개일까요?

문제읽고

❶ 구하는 것에 밑줄 치고, 주어진 것에 ○표 하세요.
❷ 바구니에 남은 오렌지가 몇 개인지 알려면 어떻게 해야 하나요?
   처음에 있던 오렌지 __8__ 개에서 먹은 오렌지 __3__ 개를 (더합니다 , (뺍니다)).

풀이쓰고

❸ 식을 쓰세요.
   (남은 오렌지 수) = (처음에 있던 오렌지 수) (+ (−)) (먹은 오렌지 수)
   = __8__ (+ (−)) __3__ = __5__ (개)

❹ 답을 쓰세요.
   바구니에 남은 오렌지는 __5개__ 입니다.

3

접시에 쿠키가 7개, 초콜릿이 5개 있습니다.
쿠키는 초콜릿보다 몇 개 더 많이 있을까요?

문제읽고

❶ 구하는 것에 밑줄 치고, 주어진 것에 ○표 하세요.
❷ 쿠키가 초콜릿보다 몇 개 더 많은지 알려면 어떻게 해야 하나요?
   쿠키 수 __7__ 에서 초콜릿 수 __5__ 를 (더합니다 , (뺍니다)).

풀이쓰고

❸ 식을 쓰세요.
   (쿠키와 초콜릿 수의 차) = (쿠키 수) (+ (−)) (초콜릿 수)
   = __7__ (+ (−)) __5__ = __2__ (개)

❹ 답을 쓰세요.   쿠키는 초콜릿보다 __2개__ 더 많이 있습니다.

4

진욱이와 규진이가 운동장을 돕니다.
진욱이는 8바퀴 돌았고, 규진이는 9바퀴 돌았습니다.
누가 몇 바퀴 더 많이 돌았을까요?

문제읽고

❶ 구하는 것에 밑줄 치고, 주어진 것에 ○표 하세요.
❷ 진욱이와 규진이는 운동장을 몇 바퀴 돌았나요?
   진욱 __8__ 바퀴, 규진 __9__ 바퀴

풀이쓰고

❸ 누가 운동장을 더 많이 돌았는지 구하세요.
   8과 9 중에서 더 큰 수는 __9__ 이므로
   (진욱 , (규진))이가 더 많이 돌았습니다.

❹ 운동장을 몇 바퀴 더 많이 돌았는지 구하세요.
   (바퀴 수의 차) = (규진) (+ (−)) (진욱)
   = __9__ (+ (−)) __8__ = __1__ (바퀴)

❺ 답을 쓰세요.
   __규진__ 이가 __1바퀴__ 더 많이 돌았습니다.

문장제 실력쌓기 3

1 버스에 9명의 승객이 타고 있었습니다. 이번 정류장에서 3명이 내리고, 탄 사람은 없습니다. 버스에는 몇 명의 승객이 남았을까요?

풀이 (버스에 남은 승객 수)
= (버스에 타고 있던 승객 수) (+ (−)) (내린 승객 수)
= __9−3__
= __6__ (명)

답 __6명__

3 식탁 위에 빵이 8개, 우유가 5개 있습니다. 우유는 빵보다 몇 개 더 적게 있을까요?

풀이 (빵과 우유 수의 차)
= (빵의 수) − (우유의 수)
= 8 − 5
= 3(개)
따라서 우유는 빵보다 3개 더 적습니다.

답 __3개__

2 가게에 젤리가 6봉지 있었습니다. 재민이가 그중에서 2봉지를 샀습니다. 가게에 남은 젤리는 몇 봉지일까요?

풀이 (남은 젤리의 봉지 수)
= (가게에 있던 젤리의 봉지 수)
  − (재민이가 산 젤리의 봉지 수)
= 6 − 2
= 4(봉지)

답 __4봉지__

4 사탕을 유나는 7개, 하정이는 4개 가지고 있습니다. 누가 사탕을 몇 개 더 많이 가지고 있을까요?

풀이 ❶ 누가 사탕을 더 많이 가지고 있는지 구하세요.
7이 4보다 더 크므로
유나가 더 많이 가지고 있습니다.

❷ 사탕을 몇 개 더 많이 가지고 있는지 구하세요.
(사탕 수의 차) = (유나의 사탕 수) − (하정이의 사탕 수)
= 7 − 4 = 3(개)
따라서 유나가 사탕을 3개 더 많이 가지고 있습니다.

답 __유나__ , __3개__

1 풀이 파란색 빨간색
② ⑦
⑨

2와 7을 모으면 9이므로
테니스공을 한 바구니에 모으면 9개입니다.

답 **9개**

채점기준

한 바구니에 모은 테니스공의 수를 구하면	5점
	5점

2 풀이 ❶ (놀이터에 있는 어린이 수)
=(남자 어린이 수)+(여자 어린이 수)
=3+2
❷ =5(명)

답 **5명**

채점기준

❶ 식을 세우면	3점
❷ 놀이터에 있는 어린이의 수를 구하면	2점
	5점

3 풀이 ❶ (승준이의 나이)
=(승헌이의 나이)+4
=5+4
❷ =9(살)

답 **9살**

채점기준

❶ 식을 세우면	3점
❷ 승준이의 나이를 구하면	2점
	5점

4 풀이 ❶ (남은 구슬 수)
=(전체 구슬 수)-(잃어버린 구슬 수)
=8-3
❷ =5(개)

답 **5개**

채점기준

❶ 식을 세우면	3점
❷ 남은 구슬의 수를 구하면	2점
	5점

5 풀이 ❶ (은철이의 색종이 수)-(서희의 색종이 수)
=6-2
❷ =4(장)

답 **4장**

채점기준

❶ 식을 세우면	3점
❷ 은철이가 서희보다 색종이를 몇 장 더 많이 가지고 있는지 구하면	2점
	5점

6 풀이 ❶ (동생의 공책 수)=7-(민수의 공책 수)
=7-3
=4(권)
❷ 4가 3보다 더 크므로
공책을 더 많이 가진 사람은 4권을 가진 동생입니다.

답 **동생**

채점기준

❶ 동생이 가진 공책의 수를 구하면	3점
❷ 공책을 더 많이 가진 사람을 구하면	3점
	6점

다른풀이 동생이 가진 공책 수를 가르기를 이용하여 구해도 됩니다.
7은 3과 4로 가를 수 있으므로 동생은 공책을 4권 가졌습니다.

48쪽   49쪽

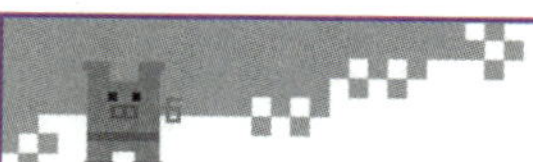

7

풀이 ❶ 9가 2보다 더 크므로
흰색 상자에 주사위가 더 많이 들어 있습니다.
❷ (두 상자의 주사위 수의 차)
＝(흰색 상자의 주사위 수)－(검은색 상자의 주사위 수)
＝9－2
＝7(개)

답 흰색 상자, 7개

채점기준	
❶ 두 상자의 주사위 수를 비교하면	4점
❷ 두 상자의 주사위 수의 차를 구하면	3점
	7점

8

풀이 ❶ (왼쪽 주머니의 견과류 수)＝4＋5＝9(개)
❷ (오른쪽 주머니의 견과류 수)＝5＋4＝9(개)
❸ 양쪽 주머니에 들어 있는 견과류의 수는 같습니다.

답 9개, 9개, 같습니다.

채점기준	
❶ 왼쪽 주머니의 견과류 수를 구하면	3점
❷ 오른쪽 주머니의 견과류 수를 구하면	3점
❸ 양쪽 주머니의 견과류 수를 비교하면	2점
	8점

신나는 동물원 나들이

쉬어가기

숨은 그림 8개를 찾아 ○표 해 주세요.

아빠, 엄마와 함께 동물원에 놀러 왔어요.
코끼리, 사자, 앵무새······ 아빠 어깨에 올라타서 동물 친구들을 바라봐요!
숨어 있는 그림들도 찾아볼까요?

나뭇잎, 도넛, 물고기, 보석, 슬리퍼, 야구공, 오렌지 조각, 조각 피자

51쪽

3. 비교하기

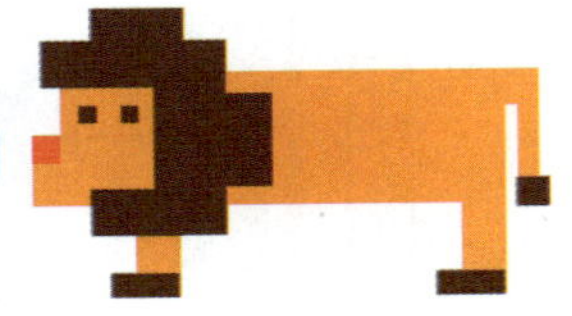

11 DAY 개념 확인하기

길이 비교

1 더 긴 것에 ○표 하세요.

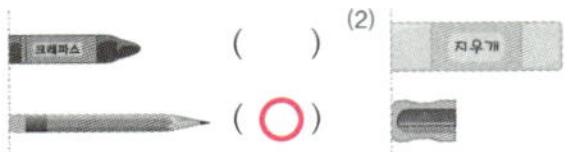

(1)   (   )   (2)   (○)

(○)   (   )

높이 비교

2 가장 높은 것에 ○표 하세요.

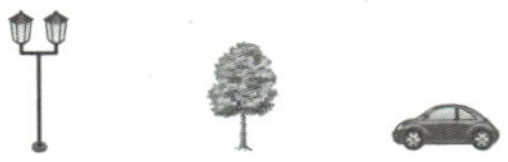

(○)   (   )   (   )

무게 비교

3 더 무거운 것에 ○표 하세요.

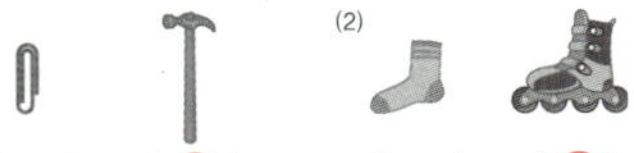

(1)   (   ) (○)   (2)   (   ) (   )

넓이 비교

4 더 넓은 것에 ○표 하세요.

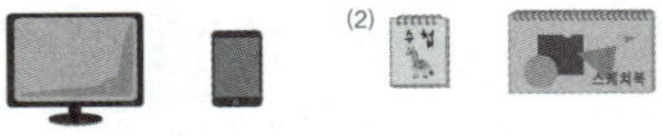

(1) (○)   (   )   (2) (   )   (○)

5 가장 좁은 것에 ○표 하세요.

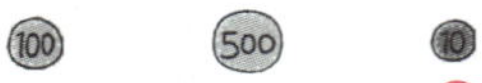

(100)   (500)   (10)

(   )   (   )   (○)

담을 수 있는 양 비교

6 물을 더 많이 담을 수 있는 것에 ○표 하세요.

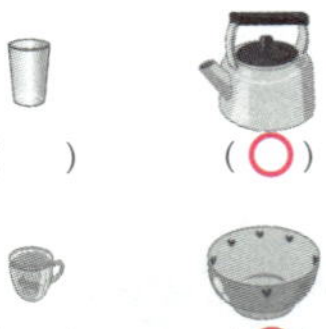

(1)   (   )   (○)

(2)   (   )   (○)

54쪽   55쪽

12 DAY — 길이 비교, 높이 비교

대표 문제 1

오른쪽 그림은 재선이네 모둠 5명이 멀리뛰기 한 곳을 표시한 것입니다.
가장 멀리 뛴 어린이는 누구일까요?

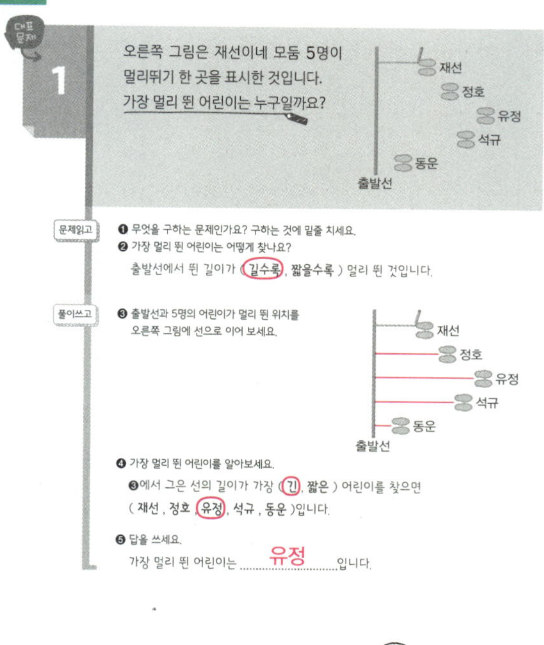

문제읽고
❶ 무엇을 구하는 문제인가요? 구하는 것에 밑줄 치세요.
❷ 가장 멀리 뛴 어린이는 어떻게 찾나요?
　 출발선에서 뛴 길이가 (길수록 , 짧을수록) 멀리 뛴 것입니다.

풀이쓰고
❸ 출발선과 5명의 어린이가 멀리 뛴 위치를 오른쪽 그림에 선으로 이어 보세요.

❹ 가장 멀리 뛴 어린이를 알아보세요.
　 ❸에서 그은 선의 길이가 가장 (긴 , 짧은) 어린이를 찾으면
　 (재선 , 정호 , 유정 , 석규 , 동운)입니다.
❺ 답을 쓰세요.
　 가장 멀리 뛴 어린이는 ___유정___ 입니다.

대표 문제 2

명우, 지호, 현수, 민규는 발판 위에 올라가 키를 똑같이 맞추었습니다.
키가 가장 작은 어린이는 누구일까요?

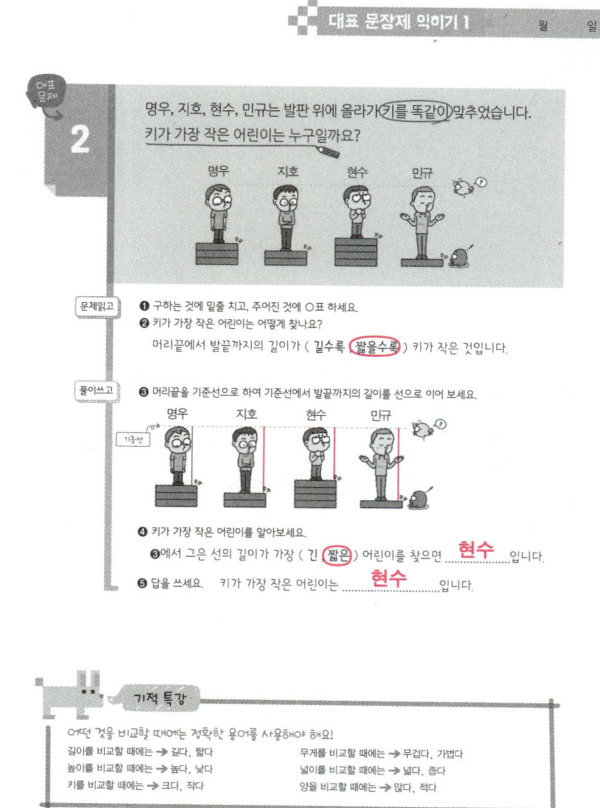

문제읽고
❶ 구하는 것에 밑줄 치고, 주어진 것에 ○표 하세요.
❷ 키가 가장 작은 어린이는 어떻게 찾나요?
　 머리끝에서 발끝까지의 길이가 (길수록 , 짧을수록) 키가 작은 것입니다.

풀이쓰고
❸ 머리끝을 기준선으로 하여 머리끝에서 발끝까지의 길이를 선으로 이어 보세요.

❹ 키가 가장 작은 어린이를 알아보세요.
　 ❸에서 그은 선의 길이가 가장 (긴 , 짧은) 어린이를 찾으면 ___현수___ 입니다.
❺ 답을 쓰세요. 키가 가장 작은 어린이는 ___현수___ 입니다.

기적 특강

어떤 것을 비교할 때에는 정확한 용어를 사용해야 해요!

길이를 비교할 때에는 → 길다, 짧다
높이를 비교할 때에는 → 높다, 낮다
키를 비교할 때에는 → 크다, 작다
무게를 비교할 때에는 → 무겁다, 가볍다
넓이를 비교할 때에는 → 넓다, 좁다
양을 비교할 때에는 → 많다, 적다

문장제 실력쌓기 1

1 다음 학용품 중에서 연필보다 긴 것은 모두 몇 개인가요?

문제읽기 CHECK
☐ 구하는 것에 밑줄, 연필에 V표!
☐ 길이를 비교하는 말은? 길다 - 짧다

풀이
❶ 학용품의 아래쪽 끝이 맞추어져 있으므로
　 연필 (위쪽 , 아래쪽) 끝을 기준으로 선을 긋습니다.
❷ 기준선보다 위쪽으로 올라온 것을 모두 찾으면
　 (풀 , 가위 , 자 , 지우개 , 필통)이므로
　 연필보다 긴 것은 모두 ___3___ 개입니다.

답 ___3개___

2 정훈, 지영, 세나가 철봉에 매달려 있습니다. 키가 작은 어린이부터 차례로 이름을 쓰세요.

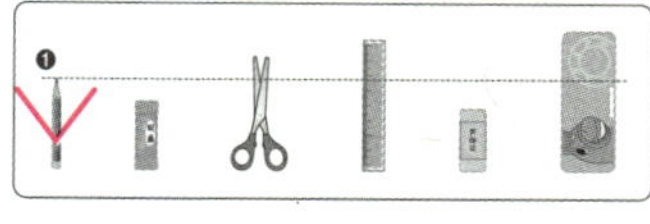

문제읽기 CHECK
☐ 구하는 것에 밑줄!
☐ 키를 비교하는 말은? 크다 - 작다

풀이
❶ 위의 그림에 정훈, 지영, 세나의 발끝에 맞춰 선을 각각 그어 보세요.
❷ 세 어린이의 발끝을 비교하여 키가 작은 어린이부터 차례로 이름을 쓰세요.

발끝이 위쪽에 있는 어린이부터 차례로 쓰면 세나, 정훈, 지영입니다.

답 ___세나, 정훈, 지영___

3 현지네 동네 빨간 벽돌 건물에는 4층에 미용실, 1층에 은행, 7층에 영화관이 있습니다. 미용실, 은행, 영화관 중에서 가장 높은 곳에 있는 것은 무엇일까요?

문제읽기 CHECK
☐ 구하는 것에 밑줄, 주어진 것에 O표!
☐ 미용실은? 4 층
☐ 은행은? 1 층
☐ 영화관은? 7 층

풀이
❶ 오른쪽 그림의 알맞은 층수에 미용실, 은행, 영화관을 써넣으세요.
❷ 가장 높은 곳에 있는 것은 무엇인지 구하세요.

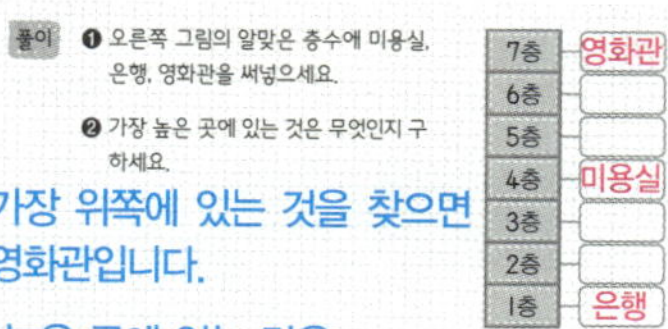

가장 위쪽에 있는 것을 찾으면 영화관입니다.

다른풀이 가장 높은 곳에 있는 것은 가장 높은 층에 있는 것이므로 7층에 있는 영화관입니다.
답 ___영화관___

4 줄넘기, 지팡이, 우산을 보고 길이를 비교하여 설명한 것입니다. 길이가 가장 짧은 것은 무엇일까요?

문제읽기 CHECK
☐ 구하는 것에 밑줄!
☐ 문장을 바꾸면? 줄넘기는 지팡이보다 길다. ↓ 지팡이는 줄넘기보다 짧다

풀이
❶ 설명에 맞게 지팡이와 우산을 각각 선으로 그어 보세요.

❷ 길이가 가장 짧은 것은 무엇인지 구하세요.

❶에서 그은 선 중 길이가 가장 짧은 것은 우산입니다.

다른풀이 지팡이는 줄넘기보다 더 짧고, 우산은 지팡이보다 더 짧으므로 우산이 가장 짧습니다.
답 ___우산___

13 DAY 무게 비교, 넓이 비교

1

현수와 은채가 시소에 앉았습니다.
더 무거운 사람은 누구일까요?

문제읽고
❶ 무엇을 구하는 문제인가요? 구하는 것에 밑줄 치세요.
❷ 알고 있는 것은 무엇인가요? 알맞은 말에 ○표 하세요.
  시소는 더 무거운 쪽이 (올라갑니다 , (내려갑니다)).

풀이읽고
❸ 더 무거운 사람을 알아보세요.
  시소가 (올라간 , (내려간)) 쪽이 더 무거우므로
  (현수 , (은채))가 ((현수) , 은채)보다 더 무겁습니다.
❹ 답을 쓰세요.
  더 무거운 사람은 __은채__ 입니다.

2 (한번 더 OK)

준하와 연우가 (똑같은) 음료수를 봉지에 담았습니다.
준하는 (8개) 연우는 (5개) 담았을 때,
누구의 봉지가 더 가벼울까요?

문제읽고
❶ 구하는 것에 밑줄 치고, 주어진 것에 ○표 하세요.
❷ 더 가벼운 봉지는 어떻게 찾나요?
  음료수를 (많이 , (적게)) 담을수록 봉지가 가볍습니다.

풀이쓰고
❸ 음료수의 수를 비교하세요.
  음료수를 준하는 __8__ 개, 연우는 __5__ 개 담았으므로
  음료수를 더 적게 담은 사람은 (준하 , (연우))입니다.
❹ 답을 쓰세요.
  __연우__ 의 봉지가 더 가볍습니다.

3

크기가 다른 동화책과 위인전이 있습니다.
동화책 위에 위인전을 놓았더니 동화책이 보이지 않았습니다.
더 좁은 책은 무엇일까요?

문제읽고
❶ 구하는 것에 밑줄 치고, 주어진 것에 ○표 하세요.
❷ 더 좁은 책은 어떻게 찾나요?
  서로 겹쳤을 때 남는 부분이 ((없는) , 있는) 책이 더 좁습니다.

풀이쓰고
❸ 동화책이 보이지 않도록 동화책 위에 위인전을 ▨로 나타내세요.

❹ ❸에서 나타낸 책의 넓이를 비교하여 더 좁은 책을 알아보세요.
  서로 겹쳤을 때 남는 부분이 없는 ((동화책) , 위인전)이 더 좁습니다.
❺ 답을 쓰세요.
  더 좁은 책은 __동화책__ 입니다.

4 (한번 더 OK)

동준이와 승한이는
오른쪽 그림과 같이 색칠하였습니다.
더 넓게 색칠한 사람은 누구일까요?

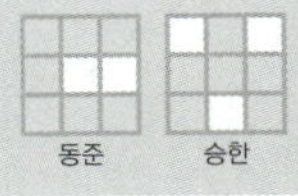

문제읽고
❶ 무엇을 구하는 문제인가요? 구하는 것에 밑줄 치세요.
❷ 더 넓게 색칠한 사람은 어떻게 찾나요?
  색칠한 칸의 수가 ((많을수록) , 적을수록) 더 넓게 색칠한 것입니다.

풀이쓰고
❸ 색칠한 칸의 수를 비교하세요.
  동준이는 __7__ 칸, 승한이는 __6__ 칸 색칠하였으므로
  더 많은 칸을 색칠한 사람은 ((동준) , 승한)입니다.
❹ 답을 쓰세요.
  더 넓게 색칠한 사람은 __동준__ 입니다.

문장제 실력쌓기 2

1

양팔 저울의 양쪽에 딸기 1개가 배 1개를 각각 놓았더니 그림과 같이 기울어졌습니다. 딸기를 올려놓은 쪽의 기호를 쓰세요.

문제읽기 CHECK
☐ 구하는 것에 밑줄, 주어진 것에 ○표!
☐ 올라간 쪽의 기호는? ㉡
☐ 내려간 쪽의 기호는? ㉠

풀이
❶ 딸기가 배보다 더 (무겁습니다 , (가볍습니다)).
❷ 딸기를 올려놓은 쪽은 양팔 저울에서 (내려간 , (올라간))
  쪽이므로 (㉠ 개 , (㉡))입니다.

답 ㉡

2

화단에 장미, 채송화, 국화를 오른쪽 그림과 같이 심었습니다. 가장 좁은 부분에 심은 것은 무엇일까요?

문제읽기 CHECK
☐ 구하는 것에 밑줄!
☐ 더 좁게 심은 것은? 꽃을 심은 칸의 수가 더 (많은 , (적은)) 것

풀이
❶ 화단에 장미, 채송화, 국화를 각각 몇 칸씩 심었나요?
  장미는 9칸, 채송화는 6칸, 국화는 5칸에 심었습니다.
❷ 가장 좁은 부분에 심은 것은 무엇인지 구하세요.
  가장 좁은 부분에 심은 것은
  꽃을 심은 칸의 수가 가장 적은 것이므로
  국화입니다.   **답** 국화

3

지우개 (5개)와 연필 (8자루의 무게가 같습니다.) 지우개 1개와 연필 1자루 중에서 더 무거운 것은 무엇일까요? (단, 지우개와 연필은 각각 크기와 모양이 같습니다.)

문제읽기 CHECK
☐ 구하는 것에 밑줄, 주어진 것에 ○표!
☐ 지우개 5개와 같은 무게는? 연필 __8__ 자루

풀이
❶ 연필을 3자루 덜어내면 지우개 5개와 연필 5자루 중에서 어느 쪽이 아래로 내려가는지 알맞은 ▼에 ○표 하세요.

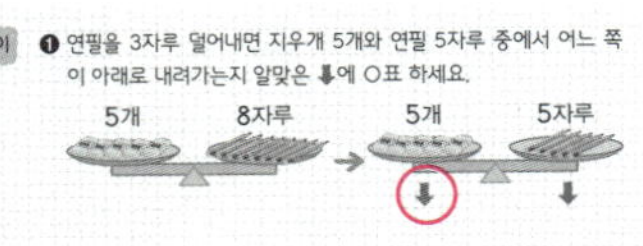

❷ 지우개 5개와 연필 5자루 중에서 더 무거운 것을 쓰세요.
  지우개 5개
❸ 지우개 1개와 연필 1자루 중에서 더 무거운 것을 쓰세요.
  지우개 1개

답 지우개 1개

4

크기가 다른 빨간색, 초록색, 노란색 종이의 넓이를 비교하였습니다. 가장 넓은 종이는 무엇일까요?

㉠ 빨간색 종이는 초록색 종이보다 더 좁습니다.
㉡ 빨간색 종이는 노란색 종이보다 더 좁습니다.
㉢ 노란색 종이는 초록색 종이보다 더 넓습니다.

문제읽기 CHECK
☐ 구하는 것에 밑줄!
☐ 문장을 바꾸면?
㉠ 초록색 종이는 빨간색 종이보다 __넓다__
㉢ 노란색 종이는 초록색 종이보다 __넓다__

풀이
❶ ㉠, ㉡, ㉢의 설명에 맞게 색칠하세요.

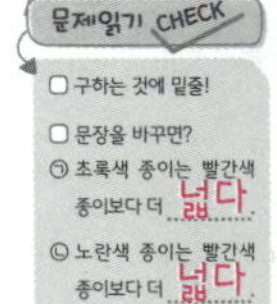

❷ 가장 넓은 종이는 무엇인지 구하세요.
  초록색 종이가 빨간색 종이보다 더 넓고,
  노란색 종이가 초록색 종이보다 더 넓으므로
  노란색 종이가 가장 넓습니다. **답** 노란색 종이

14 DAY 담을 수 있는 양 비교

1

하정이와 재민이는 오른쪽 그림과 같은 컵에 우유를 가득 담아 모두 마셨습니다. 우유를 더 적게 마신 사람은 누구일까요?

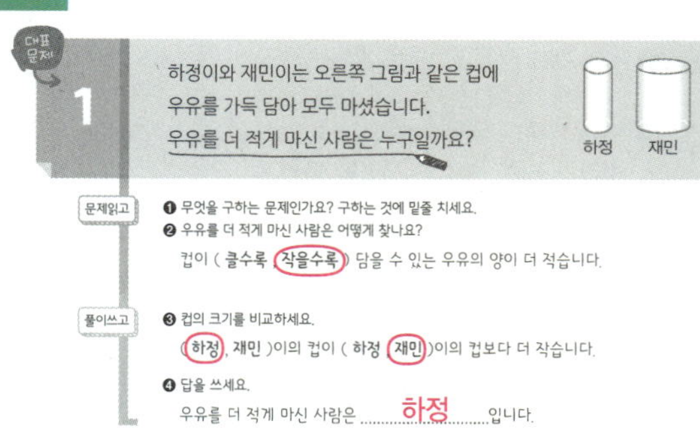

문제읽고

❶ 무엇을 구하는 문제인가요? 구하는 것에 밑줄 치세요.
❷ 우유를 더 적게 마신 사람은 어떻게 찾나요?
컵이 (클수록, (작을수록)) 담을 수 있는 우유의 양이 더 적습니다.

풀이쓰고

❸ 컵의 크기를 비교하세요.
((하정), 재민)이의 컵이 (하정, (재민))이의 컵보다 더 작습니다.
❹ 답을 쓰세요.
우유를 더 적게 마신 사람은 ___하정___ 입니다.

2

태현이와 친구들이 똑같은 물통에 그림과 같이 물을 담았습니다. 물을 가장 많이 담은 사람은 누구일까요?

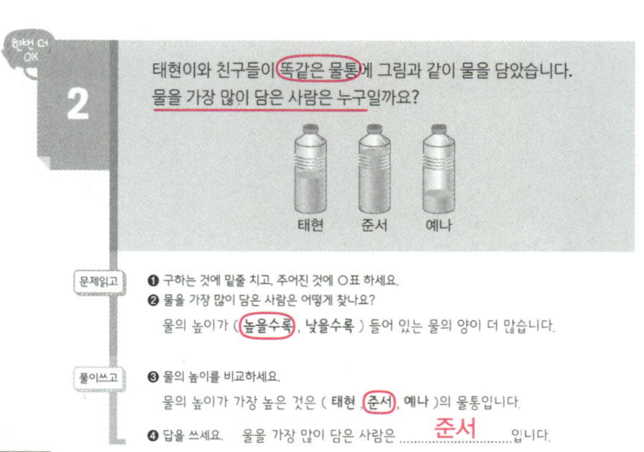

문제읽고

❶ 구하는 것에 밑줄 치고, 주어진 것에 O표 하세요.
❷ 물을 가장 많이 담은 사람은 어떻게 찾나요?
물의 높이가 ((높을수록), 낮을수록) 들어 있는 물의 양이 더 많습니다.

풀이쓰고

❸ 물의 높이를 비교하세요.
물의 높이가 가장 높은 것은 (태현, (준서), 예나)의 물통입니다.
❹ 답을 쓰세요. 물을 가장 많이 담은 사람은 ___준서___ 입니다.

3

㉠과 ㉡ 두 물병에 물을 가득 채우기 위해 똑같은 컵으로 물을 부은 횟수입니다. 물이 더 많이 들어가는 물병은 어느 것일까요? (단, 한 번에 부은 물의 양은 일정합니다.)

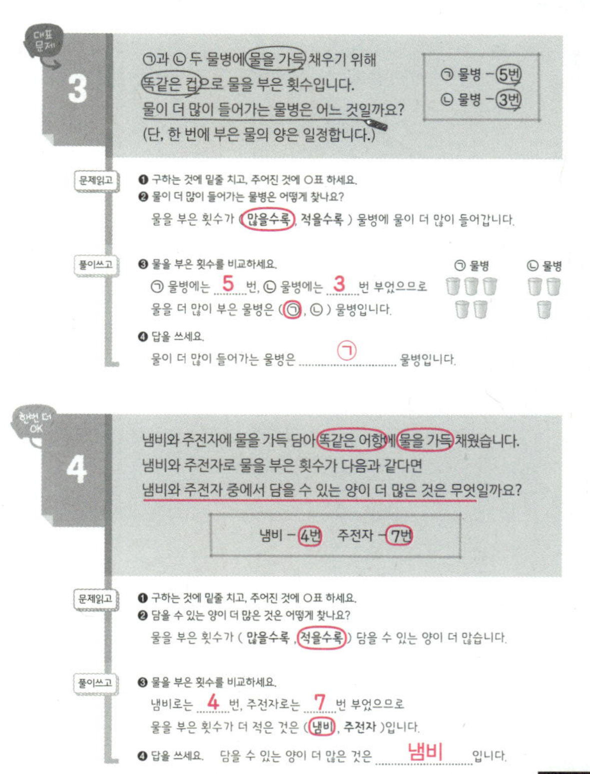

문제읽고

❶ 구하는 것에 밑줄 치고, 주어진 것에 O표 하세요.
❷ 물이 더 많이 들어가는 물병은 어떻게 찾나요?
물을 부은 횟수가 ((많을수록), 적을수록) 물병에 물이 더 많이 들어갑니다.

풀이쓰고

❸ 물을 부은 횟수를 비교하세요.
㉠ 물병에는 5 번, ㉡ 물병에는 3 번 부었으므로
물을 더 많이 부은 물병은 ((㉠), ㉡) 물병입니다.
❹ 답을 쓰세요.
물이 더 많이 들어가는 물병은 ___㉠___ 물병입니다.

4

냄비와 주전자에 물을 가득 담아 똑같은 어항에 물을 가득 채웠습니다. 냄비와 주전자로 물을 부은 횟수가 다음과 같다면 냄비와 주전자 중에서 담을 수 있는 양이 더 많은 것은 무엇일까요?

냄비 – 4번   주전자 – 7번

문제읽고

❶ 구하는 것에 밑줄 치고, 주어진 것에 O표 하세요.
❷ 담을 수 있는 양이 더 많은 것은 어떻게 찾나요?
물을 부은 횟수가 (많을수록, (적을수록)) 담을 수 있는 양이 더 많습니다.

풀이쓰고

❸ 물을 부은 횟수를 비교하세요.
냄비로는 4 번, 주전자로는 7 번 부었으므로
물을 부은 횟수가 더 적은 것은 ((냄비), 주전자)입니다.
❹ 답을 쓰세요. 담을 수 있는 양이 더 많은 것은 ___냄비___ 입니다.

문장제 실력쌓기 3

1

어머니께서는 담을 수 있는 양이 가장 많은 김치통을 샀습니다. 어머니께서 산 김치통은 어느 것인지 기호를 쓰세요.

문제읽기 CHECK
☐ 구하는 것에 밑줄, 주어진 것에 O표!
☐ 담을 수 있는 양은? 김치통이 ((클수록), 작을수록) 더 많다.

풀이

❶ 김치통이 큰 것부터 차례로 기호를 쓰면
___㉡___, ___㉠___, ___㉢___ 입니다.
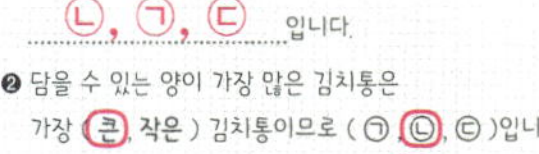
❷ 담을 수 있는 양이 가장 많은 김치통은
가장 ((큰), 작은) 김치통이므로 (㉠, (㉡), ㉢)입니다.
따라서 어머니께서 산 김치통은 (㉠, (㉡), ㉢)입니다.

답 ㉡

2

유리잔에 가득 찬 주스를 각자 마시고 난 후 다음과 같이 주스가 남았습니다. 주스를 가장 많이 마신 사람은 누구일까요?

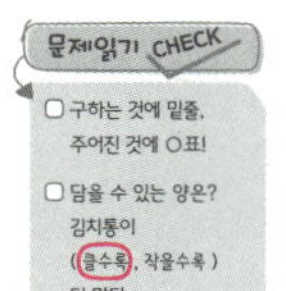

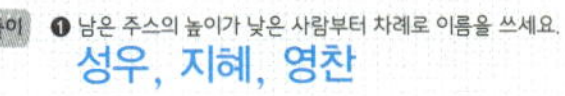

문제읽기 CHECK
☐ 구하는 것에 밑줄, 주어진 것에 O표!
☐ 마신 양은? 남은 주스의 높이가 (높을수록, (낮을수록)) 더 많다.

풀이

❶ 남은 주스의 높이가 낮은 사람부터 차례로 이름을 쓰세요.
성우, 지혜, 영찬

❷ 주스를 가장 많이 마신 사람은 누구인지 구하세요.
주스가 가장 적게 남은 사람이므로 성우입니다.

답 성우

3

똑같은 바가지로 항아리와 물통에 들어 있는 물을 모두 퍼냈더니 항아리는 바가지로 4번, 물통은 바가지로 6번 퍼냈습니다. 항아리와 물통 중에서 어느 것에 물이 더 적게 들어 있었을까요? (단, 한 번에 퍼내는 물의 양은 일정합니다.)

문제읽기 CHECK
☐ 구하는 것에 밑줄, 주어진 것에 O표!
☐ 그릇에 들어 있었던 양은? 똑같은 바가지로 물을 퍼낸 횟수가 ((많을수록), 적을수록) 더 적다.

풀이

❶ 바가지로 물을 퍼낸 횟수가 항아리는 4 번, 물통은 6 번입니다.
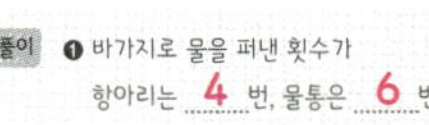
❷ 물을 퍼낸 횟수가 (많은, (적은)) 쪽에 물이 더 적게 들어 있었던 것이므로 ((항아리), 물통)에 물이 더 적게 들어 있었습니다.

답 항아리

4

은수와 혜선이는 똑같은 음료수를 샀습니다. 은수는 ㉠ 컵에 가득 채워 세 번, 혜선이는 ㉡ 컵에 가득 채워 다섯 번 따라 마셨더니 음료수병이 비었습니다. ㉠ 컵과 ㉡ 컵 중에서 담을 수 있는 양이 더 적은 컵은 어느 것일까요?

문제읽기 CHECK
☐ 구하는 것에 밑줄, 주어진 것에 O표!
☐ 컵에 담을 수 있는 양은? 따라 마신 컵의 수가 ((많을수록), 적을수록) 더 적다.

풀이

❶ 음료수를 따라 마신 컵의 수를 비교하세요.
㉠ 컵 : 3번, ㉡ 컵 : 5번이므로 따라 마신 컵의 수는 ㉡ 컵이 더 많습니다.

❷ ㉠ 컵과 ㉡ 컵 중에서 담을 수 있는 양이 더 적은 컵은 어느 것인지 구하세요.
따라 마신 컵의 수가 더 많을수록 담을 수 있는 양이 더 적으므로 ㉡ 컵입니다.

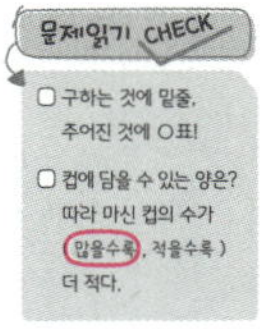

답 ㉡ 컵

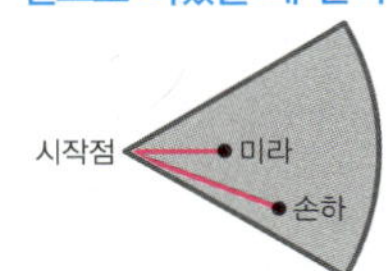

1 풀이 ❶ 시작점에서 미라와 손하의 공이 떨어진 곳까지
선으로 이었을 때 선의 길이가 더 긴 사람은 손하입니다.

❷ 선의 길이가 길수록 더 멀리 던진 것이므로
더 멀리 던진 사람은 손하입니다.

답 **손하**

채점기준

❶ 시작점에서 공이 떨어진 위치까지 이은 선의 길이를 비교하면	3점
❷ 더 멀리 던진 사람을 구하면	2점
	5점

2 풀이 ❶ 명지는 7개, 수원이는 4개 넣었으므로
명지가 넣은 쇠구슬이 더 많습니다.
❷ 쇠구슬이 많을수록 더 무거우므로
명지의 유리병이 더 무겁습니다.

답 **명지**

채점기준

❶ 두 사람이 넣은 쇠구슬의 수를 비교하면	3점
❷ 더 무거운 유리병을 가지고 있는 사람을 구하면	2점
	5점

3 풀이 ❶ ㉠은 8칸, ㉡은 6칸이므로 ㉠의 칸 수가 더 많습니다.
❷ ☐의 수가 많을수록 더 넓은 것이므로
㉠이 ㉡보다 더 넓습니다.

답 **㉠**

채점기준

❶ ㉠과 ㉡의 칸 수를 비교하면	3점
❷ 더 넓은 것의 기호를 쓰면	2점
	5점

4 풀이 ❶ 무너지기 전에 한 줄로 쌓은 블록의 수를 세어 보면
㉠ 7개, ㉡ 6개, ㉢ 8개입니다.
❷ 블록의 수가 많을수록 쌓은 높이가 높은 것이므로
높이가 높은 차례로 기호를 쓰면 ㉢, ㉠, ㉡입니다.

답 **㉢, ㉠, ㉡**

채점기준

❶ 무너지기 전 쌓은 블록의 수를 각각 구하면	각 1점
❷ 높이가 높은 것부터 차례로 기호를 쓰면	3점
	6점

참고 블록의 개수가 많을수록 높게 쌓을 수 있습니다.

5 풀이 ❶ 고양이가 강아지보다 더 무겁고
강아지가 토끼보다 더 무겁습니다.
❷ 무거운 동물부터 차례로 쓰면 고양이, 강아지, 토끼입니다.

답 **고양이, 강아지, 토끼**

채점기준

❶ 강아지와 고양이, 강아지와 토끼의 무게를 각각 비교하면	각 1점
❷ 무거운 동물부터 차례로 쓰면	4점
	6점

6 풀이 ❶ 남은 물의 높이가 높은 사람부터 차례로 쓰면
민지, 채은, 다율, 규상입니다.
❷ 물을 가장 적게 마신 사람은
남은 물의 높이가 가장 높은 민지입니다.

답 **민지**

채점기준

❶ 남은 물의 높이를 비교하면	3점
❷ 물을 가장 적게 마신 사람을 구하면	3점
	6점

참고 마신 양이 많을수록 남은 양은 적고,
마신 양이 적을수록 남은 양은 많습니다.

7 풀이 ❶ ㉮ 물통과 ㉰ 물통 중에서 물이 더 많이 들어가는 물통은
　　　 ㉰ 물통입니다.
　　❷ ㉮ 물통과 ㉯ 물통 중에서 물이 더 많이 들어가는 물통은
　　　 ㉮ 물통입니다.
　　❸ ㉰ 물통, ㉮ 물통, ㉯ 물통의 순서로 물이 많이 들어가므로
　　　 물이 가장 많이 들어가는 물통은 ㉰ 물통입니다.

답 ㉰ 물통

채점기준

❶ ㉮ 물통과 ㉰ 물통에 담을 수 있는 양을 비교하면	2점
❷ ㉮ 물통과 ㉯ 물통에 담을 수 있는 양을 비교하면	2점
❸ 물이 가장 많이 들어가는 물통을 구하면	3점
	7점

8 풀이 ❶ 길이가 긴 것부터 차례로 쓰면
　　　 볼펜, 자, 연필, 가위, 지우개입니다.
　　❷ 가장 길게 이으려면
　　　 길이가 가장 긴 것과 둘째로 긴 것을 이어야 하므로
　　　 볼펜과 자를 이어야 합니다.

답 볼펜, 자

채점기준

❶ 각각의 길이를 비교하여 긴 것부터 차례로 쓰면	4점
❷ 가장 길게 이을 수 있는 것 2개를 구하면	3점
	7점

친구들이 달라졌어요 　쉬어가기

71쪽

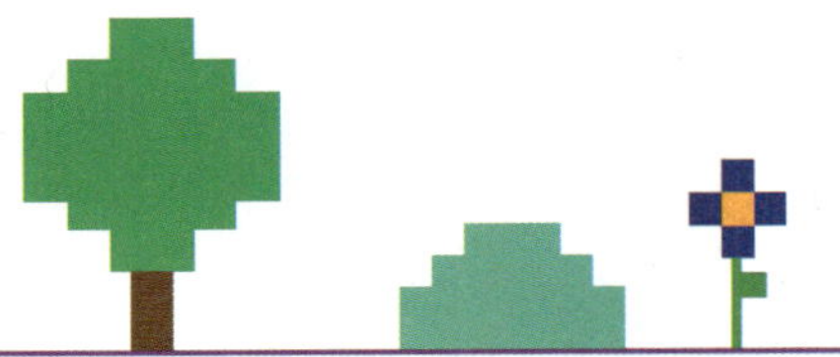

4. 50까지의 수

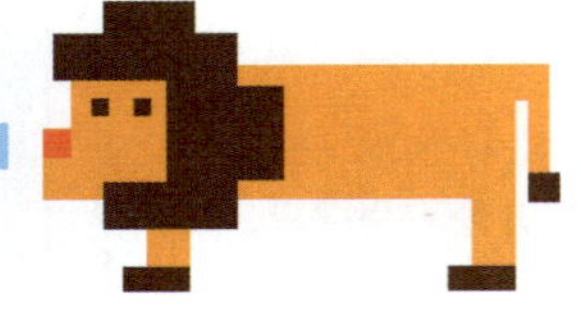

16 DAY 개념 확인하기

월   일

설명

1 빈칸에 알맞은 수 또는 말을 써넣으세요.

모형	수	읽기	
	12	십이	열둘
	15	십오	열다섯

몇십몇

4 그림을 보고 빈 곳에 알맞은 수 또는 말을 써넣으세요.

→ 10개씩 묶음 2개와 낱개 8개이므로 __28__ 입니다.
__이십팔__ 또는 스물여덟이라고 읽습니다.

모으기와 가르기

2 모으기와 가르기를 해 보세요.

(1) 9 4 → 13

(2) 10 → 4 6

수의 순서

5 빈 곳에 알맞은 수를 써넣으세요.

(1) 49 다음 수는 __50__ 입니다.

(2) 26보다 1 작은 수는 __25__ 이고,
26보다 1 큰 수는 __27__ 입니다.

(3) 28과 32 사이에 있는 수는
__29__ , __30__ , __31__ 입니다.

몇십

3 그림을 보고 빈 곳에 알맞은 수 또는 말을 써넣으세요.

→ 10개씩 묶음이 __4__ 개이므로 __40__ 입니다.
사십 또는 __마흔__ 이라고 읽습니다.

수의 크기 비교

6 그림을 보고 알맞은 말에 ○표 하세요.

33 :
35 :

→ 33은 35보다 (큽니다 , (작습니다)).
35는 33보다 ((큽니다) , 작습니다).

17 DAY

50까지의 수

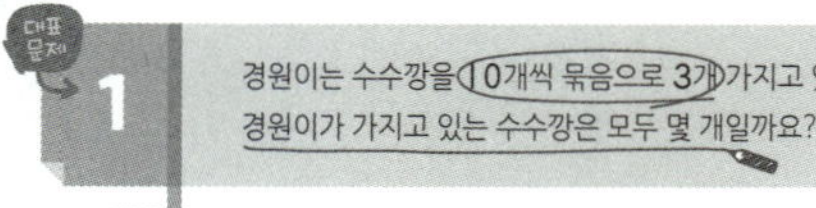

1

경원이는 수수깡을 10개씩 묶음으로 3개 가지고 있습니다.
경원이가 가지고 있는 수수깡은 모두 몇 개일까요?

문제읽고

❶ 무엇을 구하는 문제인가요? 구하는 것에 밑줄 치세요.
❷ 주어진 것은 무엇인가요? ○표 하고 답하세요.

10개씩 묶음	낱개
3	0

풀이쓰고

❸ 수수깡의 수를 10개씩 묶음과 낱개를 이용해서 구하요.
10개씩 묶음 __3__ 개는 __30__ 입니다.

❹ 답을 쓰세요.
수수깡은 모두 __30개__ 입니다.

3

공책 37권을 10권씩 묶어서 포장하려고 합니다.
10권씩 포장한 공책은 몇 묶음이 되고 몇 권이 남을까요?

문제읽고

❶ 무엇을 구하는 문제인가요? 구하는 것에 밑줄 치세요.
❷ 주어진 것은 무엇인가요? ○표 하고 답하세요.
전체 공책 __37__ 권, 한 묶음으로 묶는 공책 __10__ 권

풀이쓰고

❸ 공책의 수를 10개씩 묶음과 낱개로 나타내세요.

37 →

10개씩 묶음	낱개
3	7

37은 10개씩 묶음 __3__ 개와 낱개 __7__ 개입니다.

❹ 답을 쓰세요. 공책은 __3묶음__ 이 되고 __7권__ 이 남습니다.

2

호두과자를
한 봉지에 10개씩 넣었더니 4봉지가 되고 6개가 남았습니다.
호두과자는 모두 몇 개일까요?

문제읽고

❶ 무엇을 구하는 문제인가요? 구하는 것에 밑줄 치세요.
❷ 주어진 것은 무엇인가요? ○표 하고 답하세요.

10개씩 묶음	낱개
4	6

풀이쓰고

❸ 호두과자의 수를 10개씩 묶음과 낱개를 이용해서 구하세요.
10개씩 묶음 4개는 __40__ 이고 낱개 __6__ 개가 있으므로 모두 __46__ 입니다.

❹ 답을 쓰세요.
호두과자는 모두 __46개__ 입니다.

4

달걀 24개를 한 상자에 10개씩 담으려고 합니다.
상자에 담을 수 없는 달걀은 몇 개일까요?

문제읽고

❶ 무엇을 구하는 문제인가요? 구하는 것에 밑줄 치세요.
❷ 주어진 것은 무엇인가요? ○표 하고 답하세요.
전체 달걀 __24__ 개, 한 상자에 담는 달걀 __10__ 개

풀이쓰고

❸ 달걀의 수를 10개씩 묶음과 낱개로 나타내세요.

24 →

10개씩 묶음	낱개
2	4

24는 10개씩 묶음 __2__ 개와 낱개 __4__ 개입니다.
달걀은 __2__ 상자가 되고 __4__ 개가 남습니다.

❹ 답을 쓰세요.
상자에 담을 수 없는 달걀은 __4개__ 입니다.

문장제 실력쌓기 1

1

예지는 한 상자에 10개씩 들어 있는 미술용 지우개 2상자와
동물 모양 지우개 5개를 샀습니다. 예지가 산 지우개는 모두
몇 개일까요?

풀이 10개씩 묶음 2개는 __20__ 이고 낱개 __5__ 개가 있으므로
지우개는 모두 __25__ 개입니다.

문제읽기 CHECK
☐ 구하는 것에 밑줄,
　주어진 것에 ○표!
☐ 지우개는?

10개씩 묶음	낱개
2	5

답 __25개__

3

민준이는 장미 31송이를 한 꽃병에 10송이씩 꽂으려고 합니다. 10송이씩 꽂은 꽃병은 몇 개가 되고 몇 송이가 남을까요?

풀이 31은 10개씩 묶음 __3__ 와 낱개 __1__ 입니다.
따라서 장미를 꽂은 꽃병은 __3__ 개가 되고
__1__ 송이가 남습니다.

문제읽기 CHECK
☐ 구하는 것에 밑줄,
　주어진 것에 ○표!
☐ 전체 장미는?
　　　31 송이

답 __3개__ , __1송이__

2

구슬을 10개씩 실에 꿰어 꽃팔찌를 5개 만들려고 합니다. 구슬이 몇 개 필요할까요?

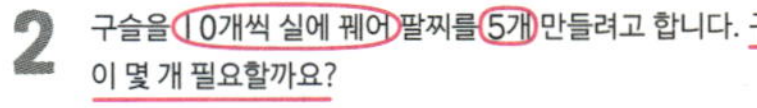

풀이 10개씩 묶음 5개는 50이므로
구슬이 50개 필요합니다.

문제읽기 CHECK
☐ 구하는 것에 밑줄,
　주어진 것에 ○표!
☐ 구슬은?

10의 묶음	낱개
5	0

답 __50개__

4

동전 42개가 있습니다. 동전을 10개씩 묶어 종이돈으로 바꾸고, 바꿀 수 없는 동전은 저금통에 넣으려고 합니다. 종이돈은 몇 장이 되고 저금통에 넣는 동전은 몇 개일까요?
(단, 동전 10개는 종이돈 1장으로 바꿀 수 있습니다.)

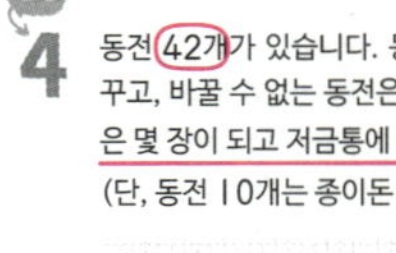
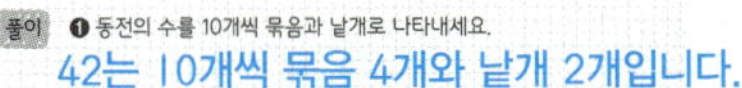
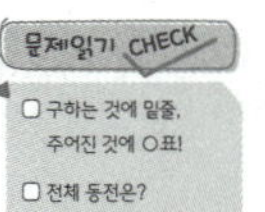

풀이 ❶ 동전의 수를 10개씩 묶음과 낱개로 나타내세요.
42는 10개씩 묶음 4개와 낱개 2개입니다.

❷ 종이돈은 몇 장이 되는지 구하세요.
10개씩 묶음 4개는
종이돈 4장으로 바꿀 수 있습니다.

❸ 저금통에 넣는 동전은 몇 개인지 구하세요.
낱개 2개는 종이돈으로 바꿀 수 없으므로
저금통에 넣는 동전은 2개입니다.

문제읽기 CHECK
☐ 구하는 것에 밑줄,
　주어진 것에 ○표!
☐ 전체 동전은?
　　　42 개
☐ 돈을 바꾸는 방법은?
• 10개씩 묶음 1개
→ 1장
• 10개씩 묶음 2개
→ 2 장
• 10개씩 묶음 3개
→ 3 장

답 __4장__ , __2개__

18 DAY 모으기와 가르기

1

바둑판 위에 검은색 바둑돌과 7개와 흰색 바둑돌 4개가 놓여 있습니다. 검은색 바둑돌과 흰색 바둑돌을 모으면 몇 개일까요?

문제읽고
❶ 무엇을 구하는 문제인가요? 구하는 것에 밑줄 치세요.
❷ 주어진 것은 무엇인가요? ○표 하고 답하세요.
검은색 바둑돌 **7** 개, 흰색 바둑돌 **4** 개

풀이쓰고
❸ 바둑돌의 수 7과 4를 모으기 하세요.

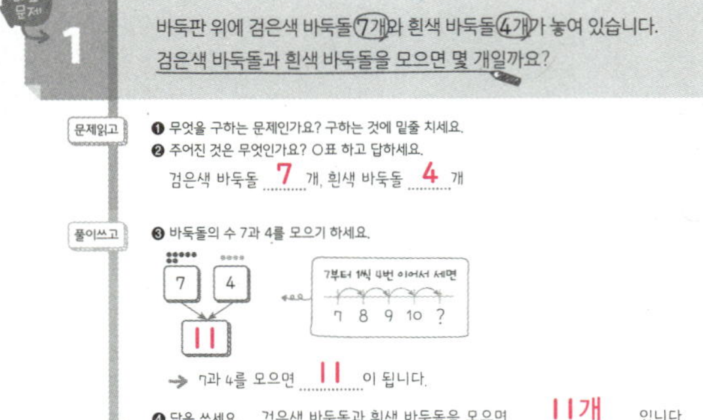

→ 7과 4를 모으면 **11** 이 됩니다.

❹ 답을 쓰세요. 검은색 바둑돌과 흰색 바둑돌을 모으면 **11개** 입니다.

2

인형 가게에 호랑이 인형 9개와 곰 인형 3개가 있습니다. 호랑이 인형과 곰 인형을 모으면 몇 개일까요?

문제읽고
❶ 무엇을 구하는 문제인가요? 구하는 것에 밑줄 치세요.
❷ 주어진 것은 무엇인가요? ○표 하고 답하세요.
호랑이 인형 **9** 개, 곰 인형 **3** 개

풀이쓰고
❸ 인형의 수 9와 3을 모으기 하세요.

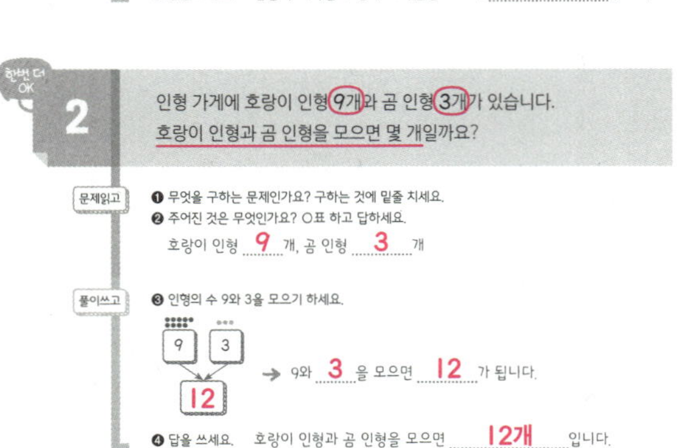

→ 9와 **3** 을 모으면 **12** 가 됩니다.

❹ 답을 쓰세요. 호랑이 인형과 곰 인형을 모으면 **12개** 입니다.

3

피망 15개 중에서 6개는 빨간색이고 나머지는 모두 초록색입니다. 초록색 피망은 몇 개일까요?

문제읽고
❶ 무엇을 구하는 문제인가요? 구하는 것에 밑줄 치세요.
❷ 주어진 것은 무엇인가요? ○표 하고 답하세요.
전체 피망 **15** 개, 빨간색 피망 **6** 개

풀이쓰고
❸ 피망의 수 15를 6과 어떤 수로 가르기 하세요.

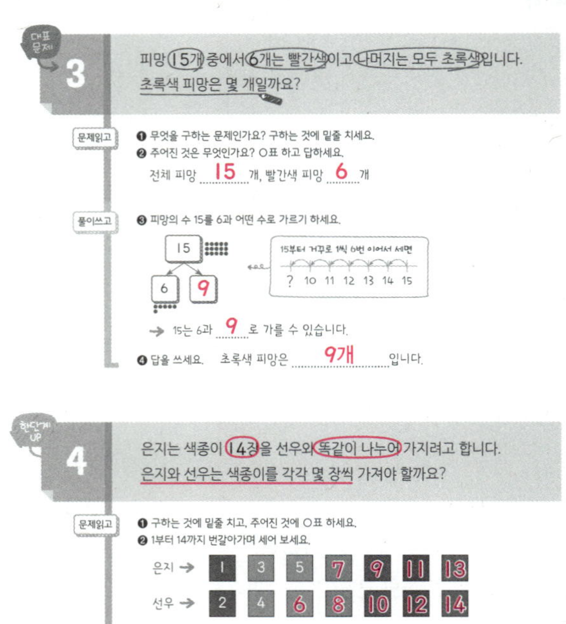

→ 15는 6과 **9** 로 가를 수 있습니다.

❹ 답을 쓰세요. 초록색 피망은 **9개** 입니다.

4

은지는 색종이 14장을 선우와 똑같이 나누어 가지려고 합니다. 은지와 선우는 색종이를 각각 몇 장씩 가져야 할까요?

문제읽고
❶ 구하는 것에 밑줄 치고, 주어진 것에 ○표 하세요.
❷ 1부터 14까지 번갈아가며 세어 보세요.
은지 1 3 5 7 9 11 13
선우 2 4 6 8 10 12 14

풀이쓰고
❸ 색종이의 수 14를 똑같은 두 수로 가르기 하세요.

→ 14는 7과 **7** 로 가를 수 있습니다.

❹ 답을 쓰세요. 색종이를 각각 **7장** 씩 가져야 합니다.

문장제 실력쌓기 2

1

동물 병원에 강아지 8마리와 고양이 5마리가 있습니다. 강아지와 고양이를 모으면 몇 마리일까요?

문제읽기 CHECK
☐ 구하는 것에 밑줄, 주어진 것에 ○표!
☐ 강아지는? **8** 마리
☐ 고양이는? **5** 마리

풀이
❶ 8부터 1씩 5번 이어서 세면

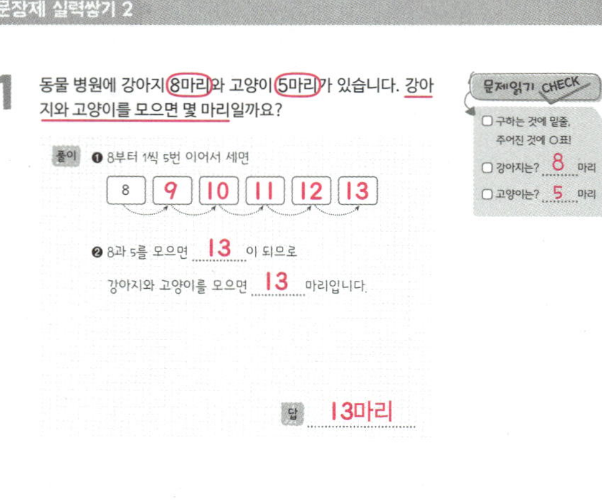

8 9 10 11 12 13

❷ 8과 5를 모으면 **13** 이 되므로
강아지와 고양이를 모으면 **13** 마리입니다.

답 **13마리**

2

금색 단추 6개와 은색 단추 6개를 모아 통에 넣었습니다. 통에 넣은 단추는 몇 개일까요?

문제읽기 CHECK
☐ 구하는 것에 밑줄, 주어진 것에 ○표!
☐ 금색 단추는? **6** 개
☐ 은색 단추는? **6** 개

풀이
❶ 6부터 1씩 6번 이어서 세어 보세요.

6 7 8 9 10 11 12

❷ 통에 넣은 단추는 몇 개인지 구하세요.

6과 6을 모으면 12가 되므로
통에 넣은 단추는 12개입니다.

답 **12개**

3

화단에 핀 나팔꽃 16송이 중에서 6송이가 시들었습니다. 화단에 시들지 않고 남아 있는 나팔꽃은 몇 송이일까요?

문제읽기 CHECK
☐ 구하는 것에 밑줄, 주어진 것에 ○표!
☐ 핀 나팔꽃은? **16** 송이
☐ 시든 나팔꽃은? **6** 송이

풀이
❶ 16부터 거꾸로 1씩 6번 이어서 세어 보세요.

16 15 14 13 12 11 10

❷ 화단에 시들지 않고 남아 있는 나팔꽃은 몇 송이인지 구하세요.

16은 6과 10으로 가를 수 있으므로
화단에 시들지 않고 남아 있는 나팔꽃은
10송이입니다.

답 **10송이**

4

민석이는 곶감 13개를 동생과 나누어 먹으려고 합니다. 민석이가 동생보다 곶감을 1개 더 많이 먹으려면 민석이와 동생은 곶감을 각각 몇 개 먹어야 할까요?

문제읽기 CHECK
☐ 구하는 것에 밑줄, 주어진 것에 ○표!
☐ 곶감은? **13** 개
☐ 곶감을 나누는 방법은? 민석이가 동생보다 **1** 개 더 많게

풀이
❶ 곶감 13개를 민석이가 동생보다 1개 더 많이 가지도록 나누어 보세요. (곶감을 ○로 나타내세요.)

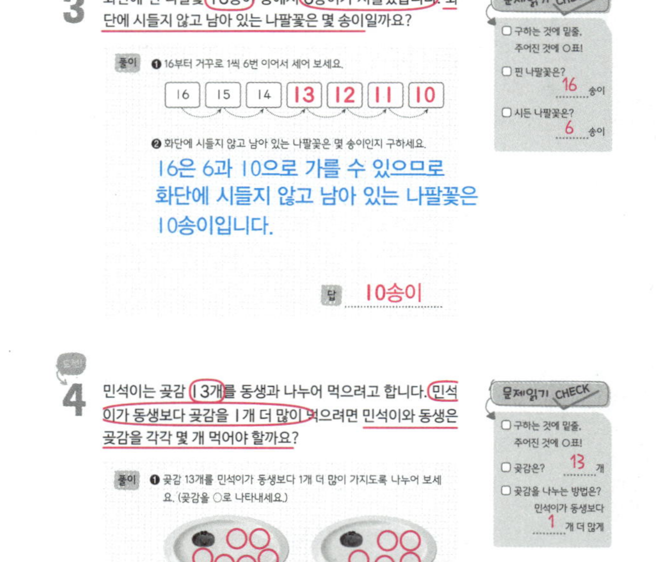

❷ 민석이와 동생은 곶감을 각각 몇 개 먹어야 하는지 구하세요.

13은 7과 6으로 가를 수 있으므로
민석이가 7개, 동생이 6개를 먹어야 합니다.

답 민석: **7개** , 동생: **6개**

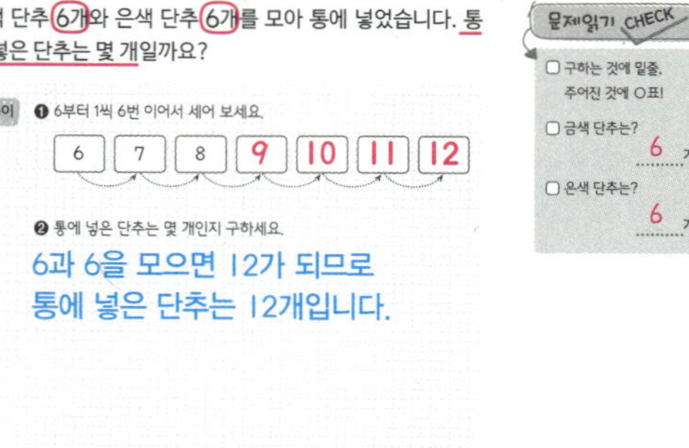
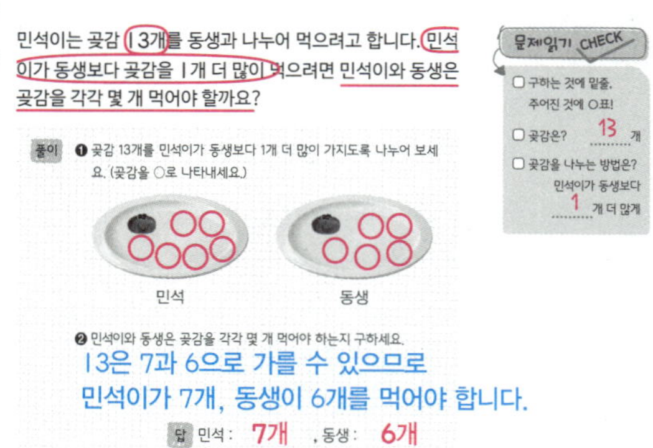

19 DAY 수의 순서

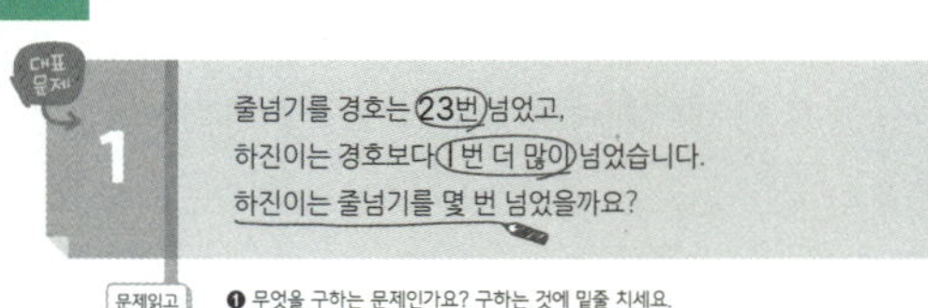

대표문제 1

줄넘기를 경호는 (23번) 넘었고,
하진이는 경호보다 1번 더 많이 넘었습니다.
하진이는 줄넘기를 몇 번 넘었을까요?

문제읽고
❶ 무엇을 구하는 문제인가요? 구하는 것에 밑줄 치세요.
❷ 주어진 것은 무엇인가요? ○표 하고 답하세요.
   경호 : **23** 번, 하진 : 경호보다 **1** 번 더 많이 넘었습니다.

풀이쓰고
❸ 23보다 1 큰 수를 구하세요.

1 큰 수
22 23 (24) → 23보다 1 큰 수는 **24** 입니다.

❹ 답을 쓰세요.
   하진이는 줄넘기를 **24번** 넘었습니다.

한번더 OK 2

고모는 (서른다섯 살)이고, 삼촌은 고모보다 (1살 더 적습니다.)
삼촌의 나이는 몇 살일까요?

문제읽고
❶ 무엇을 구하는 문제인가요? 구하는 것에 밑줄 치세요.
❷ 주어진 것은 무엇인가요? ○표 하고 답하세요.
   고모 : **35** 살, 삼촌 : 고모보다 **1** 살 더 적습니다.

풀이쓰고
❸ 35보다 1 작은 수를 구하세요.

1 작은 수
(34) 35 36 → 35보다 1 작은 수는 **34** 입니다.

❹ 답을 쓰세요.
   삼촌의 나이는 **34살** 입니다.

대표문제 3

방학 동안에 책을 강우는 (39권) 읽었고, 수지는 (41권) 읽었습니다.
현호는 강우와 수지가 읽은 책의 수 (사이)에 있는 수만큼 읽었습니다.
현호가 읽은 책은 몇 권일까요?

문제읽고
❶ 구하는 것에 밑줄 치고, 주어진 것에 ○표 하세요.
❷ 강우와 수지는 책을 몇 권 읽었나요?
   강우 **39** 권, 수지 **41** 권

풀이쓰고
❸ 39와 41에 있는 수를 구하세요.

사이에 있는 수
39 (40) 41 → 39와 41 사이에 있는 수는 **40** 입니다.

❹ 답을 쓰세요.
   현호가 읽은 책은 **40권** 입니다.

한단계 UP 4

진경이네 반 학생들이 번호 순서대로 줄을 섰습니다.
15번과 19번 사이에 서 있는 학생은 모두 몇 명일까요?

문제읽고
❶ 무엇을 구하는 문제인가요? 구하는 것에 밑줄 치고, 알맞은 것에 ○표 하세요.
   15와 19 (사이에 있는 수 , (사이에 있는 수의 개수))를 구합니다.

풀이쓰고
❷ 15와 19 사이에 있는 수의 개수를 구하세요.

사이에 있는 수
15 (16) (17) (18) 19
→ 15와 19 사이에 있는 수는 **16** , **17** , **18** 로 모두 **3** 개입니다.

❸ 답을 쓰세요.
   15번과 19번 사이에 서 있는 학생은 모두 **3명** 입니다.

문장제 실력쌓기 3

1 두진이와 서희가 은행에서 대기 번호표를 뽑았습니다. 두진이는 (27번)을 뽑았고, 서희는 두진이보다 (1 작은 수)의 번호표를 뽑았습니다. <u>서희가 뽑은 번호표는 몇 번일까요?</u>

풀이 27보다 1 작은 수는 **26** 이므로
서희가 뽑은 번호표는 **26** 번입니다.

문제읽기 CHECK
☐ 구하는 것에 밑줄. 주어진 것에 ○표!
☐ 두진이의 번호표는? **27** 번
☐ 서희의 번호표는? 두진이보다 **1** 작은 수

답 **26번**

2 병원 안내도를 살펴보니 (11층)에 치과가 있고, (13층)에 안과가 있습니다. <u>소아청소년과가 치과와 안과 사이에</u> 있다면 <u>소아청소년과는 몇 층에 있을까요?</u>

11 **12** 13

풀이 11과 13 사이에 있는 수는 12이므로
소아청소년과는 12층입니다.

문제읽기 CHECK
☐ 구하는 것에 밑줄. 주어진 것에 ○표!
☐ 치과는? **11** 층
☐ 안과는? **13** 층
☐ 소아청소년과는? **11** 층과 **13** 층 사이

답 **12층**

3 규민이가 과학자 전집을 (번호 순서대로) 정리하고 있습니다. <u>49번 책은 몇 번과 몇 번 사이에 꽂아야 할까요?</u>

48 **49** 50

풀이 ❶ 49보다 1 작은 수와 1 큰 수는 무엇인가요?
49보다 1 작은 수는 48,
1 큰 수는 50입니다.

❷ 49번 책은 몇 번과 몇 번 사이에 꽂아야 하는지 구하세요.
49번 책은 48번과 50번 사이에
꽂아야 합니다.

문제읽기 CHECK
☐ 구하는 것에 밑줄. 주어진 것에 ○표!
☐ 정리해야 하는 책은? **49** 번

답 **48번 . 50번**

4 32와 38 사이에 있는 수는 모두 몇 개일까요?

풀이 ❶ 32와 38 사이에 있는 수를 모두 쓰세요.
33, 34, 35, 36, 37

❷ 32와 38 사이에 있는 수는 모두 몇 개인지 구하세요.
모두 5개입니다.

문제읽기 CHECK
☐ 구하는 것에 밑줄!
☐ 32와 38 사이에는? 32와 38은 포함 (된다 . (안 된다))

답 **5개**

20 DAY 수의 크기 비교

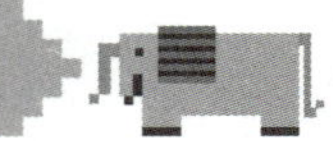

대표 문제 익히기 4 월 일

대표 문제 1 연필을 현중이는 27자루, 미성이는 34자루 가지고 있습니다. 누가 연필을 더 많이 가지고 있을까요?

문제읽고
❶ 무엇을 구하는 문제인가요? 구하는 것에 밑줄 치세요.
❷ 주어진 것은 무엇인가요? O표 하고 답하세요.
현중이의 연필 27 자루, 미성이의 연필 34 자루

풀이쓰고
❸ 연필의 수 27과 34의 크기를 비교하세요.
현중 : 27 - 10개씩 묶음이 2 개
미성 : 34 - 10개씩 묶음이 3 개
→ 10개씩 묶음이 더 많은 34 가 27 보다 큽니다.
❹ 답을 쓰세요.
미성 이가 연필을 더 많이 가지고 있습니다.

한번 더 OK 2 색종이를 민주는 45장, 윤후는 42장 가지고 있습니다. 누가 색종이를 더 많이 가지고 있을까요?

문제읽고
❶ 무엇을 구하는 문제인가요? 구하는 것에 밑줄 치세요.
❷ 주어진 것은 무엇인가요? O표 하고 답하세요.
민주의 색종이 45 장, 윤후의 색종이 42 장

풀이쓰고
❸ 색종이의 수 45와 42의 크기를 비교하세요.
10개씩 묶음이 같으므로 낱개의 수가 더 큰 45 가 42 보다 큽니다.
❹ 답을 쓰세요.
민주 가 색종이를 더 많이 가지고 있습니다.

대표 문제 3 장난감 가게에 로봇이 41개, 인형이 서른여덟 개 진열되어 있습니다. 더 적게 진열되어 있는 장난감은 무엇일까요?

문제읽고
❶ 무엇을 구하는 문제인가요? 구하는 것에 밑줄 치세요.
❷ 주어진 것은 무엇인가요? O표 하고 답하세요.
로봇 41 개, 인형 서른여덟 개

풀이쓰고
❸ 인형의 수를 숫자로 나타내세요.
서른여덟을 숫자로 나타내면 38 입니다.
❹ 장난감의 수 41과 38의 크기를 비교하세요.
10개씩 묶음이 더 적은 38 이 41 보다 작습니다.
❺ 답을 쓰세요.
더 적게 진열되어 있는 장난감은 인형 입니다.

한단계 UP 4 크림빵을 21개, 단팥빵을 37개, 식빵을 26개 만들었습니다. 가장 적게 만든 빵은 무엇일까요?

문제읽고
❶ 무엇을 구하는 문제인가요? 구하는 것에 밑줄 치세요.
❷ 주어진 것은 무엇인가요? O표 하고 답하세요.
크림빵 21 개, 단팥빵 37 개, 식빵 26 개

풀이쓰고
❸ 빵의 수 21, 37, 26의 크기를 비교하세요.
21과 37 중에서 (21, 37)이 더 작고,
21과 26 중에서 (21, 26)이 더 작으므로
가장 작은 수는 (21, 37, 26)입니다.
(21 37 26 → 21 → ?)
❹ 답을 쓰세요.
가장 적게 만든 빵은 크림빵 입니다.

문장제 실력쌓기 4

1 동화책을 아윤이는 29쪽, 소은이는 14쪽 읽었습니다. 누가 동화책을 더 많이 읽었을까요?

문제읽기 CHECK
□ 구하는 것에 밑줄, 주어진 것에 O표!
□ 아윤이는? 29 쪽
□ 소은이는? 14 쪽

풀이 29가 14보다 (큽니다, 작습니다).
따라서 동화책을 더 많이 읽은 사람은 (아윤, 소은)입니다.

답 아윤

2 500원짜리 동전을 수찬이는 35개 모았고, 은찬이는 37개 모았습니다. 누가 500원짜리 동전을 더 적게 모았을까요?

문제읽기 CHECK
□ 구하는 것에 밑줄, 주어진 것에 O표!
□ 수찬이는? 35 개
□ 은찬이는? 37 개

풀이 35가 37보다 작습니다.
따라서 500원짜리 동전을 더 적게 모은 사람은 수찬입니다.

수의 크기를 비교할 때에는 '크다, 작다', 양을 비교할 때에는 '많다, 적다'라고 해요.

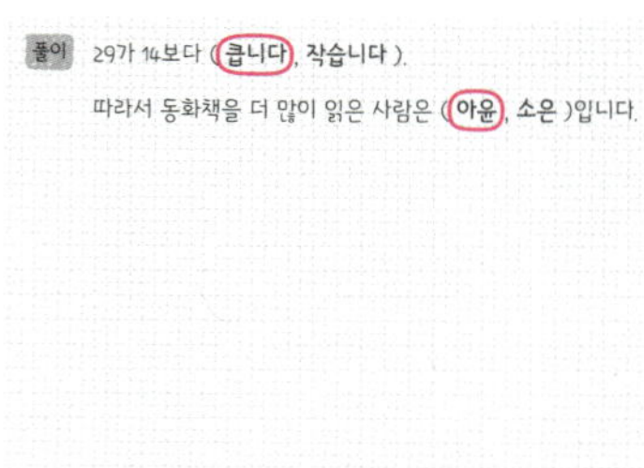

답 수찬

3 빈 병을 모아 노란색 바구니에는 39개, 파란색 바구니에는 47개, 초록색 바구니에는 49개 담았습니다. 빈 병을 가장 많이 담은 바구니는 어느 것일까요?

문제읽기 CHECK
□ 구하는 것에 밑줄, 주어진 것에 O표!
□ 각각의 바구니에 담은 빈 병은?
노란색 39 개
파란색 47 개
초록색 49 개

풀이 39와 47 중에서 47이 더 크고
47과 49 중에서 49가 더 크므로
가장 큰 수는 49입니다.
따라서 빈 병을 가장 많이 담은 바구니는 초록색 바구니입니다.

(39 47 49 → 47 → 49)

답 초록색 바구니

도전 4 재하의 이모는 마흔두 살, 어머니는 36살이고, 외삼촌은 어머니보다 1살 더 많습니다. 이모, 어머니, 외삼촌을 나이가 적은 사람부터 차례로 쓰세요.

문제읽기 CHECK
□ 구하는 것에 밑줄, 주어진 것에 O표!
□ 이모는? 마흔두 살
□ 어머니는? 36 살
□ 외삼촌은? 어머니 보다 1살 더 많다.

풀이 ❶ 이모와 외삼촌의 나이를 숫자로 나타내세요.
이모 : 마흔둘 → 42
외삼촌 : 36보다 1 큰 수 → 37
❷ 나이가 적은 사람부터 차례로 쓰세요.
42, 36, 37을 작은 수부터 차례로 쓰면 36, 37, 42입니다.
따라서 나이가 적은 사람부터 차례로 쓰면 어머니, 외삼촌, 이모입니다.

답 어머니, 외삼촌, 이모

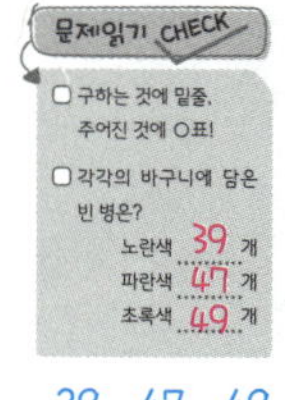

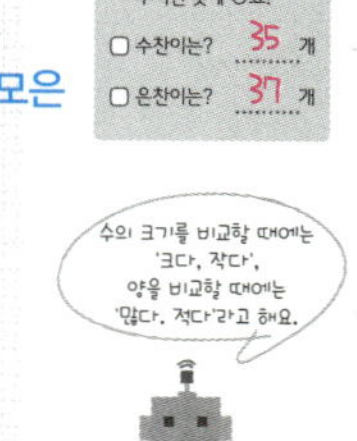

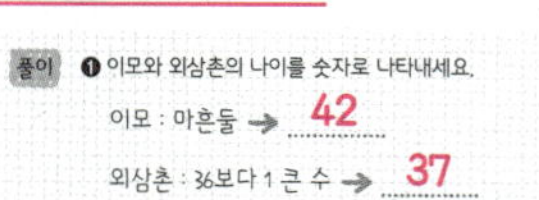

 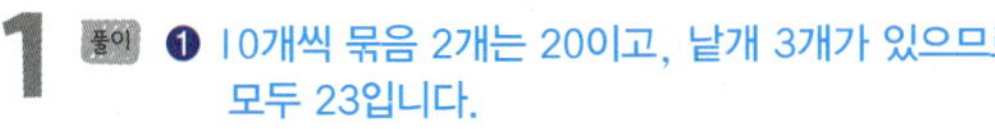

문장제 서술형 평가

1 풀이
❶ 10개씩 묶음 2개는 20이고, 낱개 3개가 있으므로 모두 23입니다.
❷ 따라서 귤은 모두 23개입니다.

답 **23개**

채점기준	
❶ 10개씩 묶음 2개와 낱개 3개가 얼마인지 구하면	3점
❷ 귤의 수를 구하면	2점
	5점

2 풀이
❶ 46은 10개씩 묶음 4개와 낱개 6개입니다.
❷ 낱개 6개는 상자에 담아 팔 수 없으므로 4상자를 팔 수 있습니다.

답 **4상자**

채점기준	
❶ 초콜릿의 수 46을 10개씩 묶음과 낱개로 나타내면	3점
❷ 상자에 담아 팔 수 있는 초콜릿의 상자 수를 구하면	2점
	5점

3 풀이
❶ 38보다 1 작은 수는 37입니다.
❷ 따라서 지훈이는 계단을 37칸 올라갔습니다.

답 **37칸**

채점기준	
❶ 38보다 1 작은 수를 구하면	3점
❷ 지훈이가 올라간 계단의 칸 수를 구하면	2점
	5점

4 풀이
❶ 16이 21보다 작습니다.
❷ 따라서 동화책이 더 적게 꽂혀 있습니다.

답 **동화책**

채점기준	
❶ 동화책의 수와 위인전의 수를 비교하면	3점
❷ 어느 책이 더 적게 꽂혀 있는지 구하면	2점
	5점

5 풀이
❶ 42와 29 중에서 42가 더 크고, 42와 47 중에서 47이 더 큽니다.
❷ 따라서 가장 큰 수는 47입니다.
❸ 통 안에 가장 많이 담겨 있는 블록은 흰색 블록입니다.

답 **흰색 블록**

채점기준	
❶ 노란색, 파란색, 흰색 블록의 수를 비교하면	2점
❷ 가장 큰 수를 구하면	2점
❸ 통 안에 가장 많이 담겨 있는 블록을 구하면	2점
	6점

6 풀이
❶ 18과 24 사이에 있는 수는 19, 20, 21, 22, 23입니다.
❷ 따라서 18과 24 사이에 있는 수는 모두 5개입니다.

답 **5개**

채점기준	
❶ 18과 24 사이에 있는 수를 모두 구하면	4점
❷ 18과 24 사이에 있는 수의 개수를 구하면	2점
	6점

주의 답으로 18과 24 사이에 있는 수를 쓰지 않도록 주의합니다.

7 [풀이]
❶ 10자루씩 묶음 3개는 30자루입니다.
❷ 10은 3과 7로 가를 수 있으므로
  묶고 남은 연필은 7자루입니다.
❸ 따라서 새로 산 연필은 37자루입니다.

[답] **37자루**

[채정기준]

❶ 10자루씩 묶음이 얼마인지 구하면	⚬	2점
❷ 10자루씩 묶고 남은 낱개가 얼마인지 구하면	⚬	3점
❸ 새로 산 연필의 수를 구하면	⚬	2점
		7점

[주의] 몇 개가 남는지, 모자라는지 주의가 필요합니다.
모자라는 수는 10을 가르기 하여 알아봅니다.

8 [풀이]
❶ 12는 1과 11, 2와 10, 3과 9, 4와 8, 5와 7, 6과 6으로
  가를 수 있습니다.
❷ 동생이 현정이보다 2개 더 많이 가지려면
  현정이는 5개, 동생은 7개를 가져야 합니다.

[답] **5개, 7개**

[채정기준]

❶ 12를 두 수로 가르기 하면	⚬	4점
❷ 현정이와 동생이 각각 몇 개 가져야 하는지 구하면	⚬	각 2점
		8점

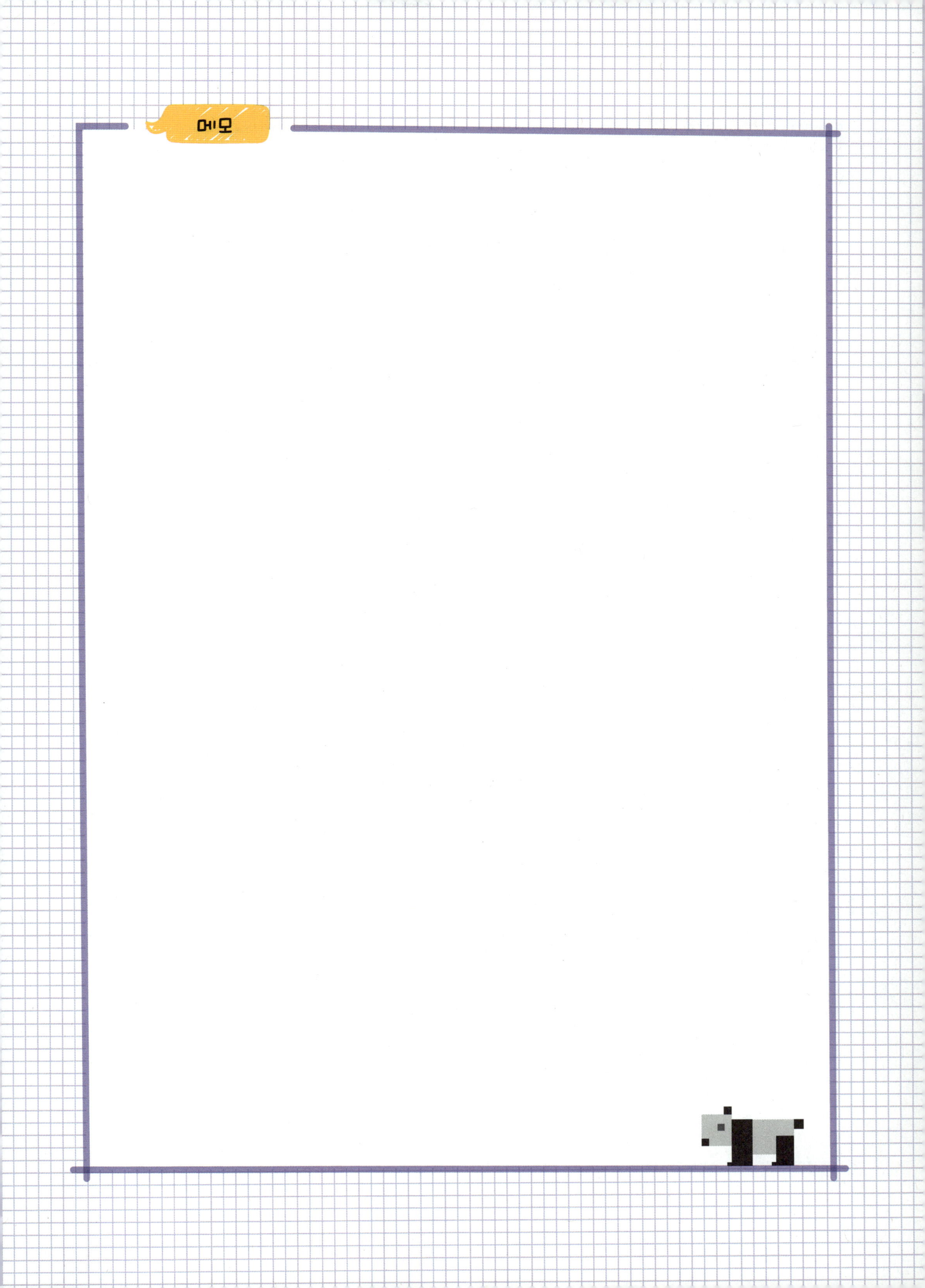

메모

메모

기적의 수학 문장제

길벗스쿨

오늘도 한 뼘
자랐습니다